SPECTRAL ANALYSIS IN HIGH-DIMENSIONAL NON-STATIONARY TIME SERIES

高维非平稳时间序列中的谱分析

张 博◎著

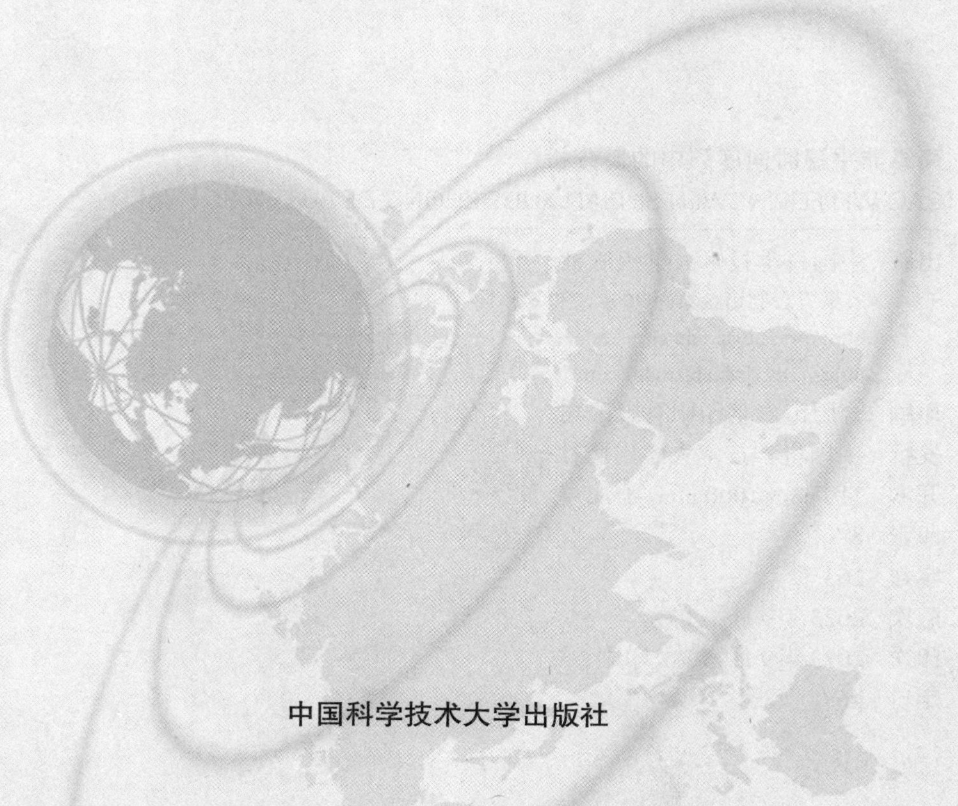

中国科学技术大学出版社

内 容 简 介

本书是国家自然科学基金青年项目“基于随机矩阵理论的高维时间序列检验与估计”(12001517)的研究成果. 传统的统计方法常常在高维度数据下失效, 统计学研究者提出了各种适用于高维度数据的方法, 其中谱分析是一个强有力的工具. 在经济等领域, 非平稳时间序列型数据极为常见, 但目前针对非平稳时间序列谱分析的统计学研究还非常少见, 本书汇集了笔者在高维非平稳时间序列的谱分析领域的重要研究成果, 展示了非平稳时间序列的谱性质及其重要的统计推断应用.

图书在版编目(CIP)数据

高维非平稳时间序列中的谱分析/张博著. —合肥:中国科学技术大学出版社,2023.9

ISBN 978-7-312-05751-9

Ⅰ. 高… Ⅱ. 张… Ⅲ. 时间序列分析 Ⅳ. O211.61

中国国家版本馆CIP数据核字(2023)第146273号

高维非平稳时间序列中的谱分析

GAO WEI FEIPINGWEN SHIJIAN XULIE ZHONG DE PU FENXI

出版 中国科学技术大学出版社
安徽省合肥市金寨路96号,230026
http://press.ustc.edu.cn
https://zgkxjsdxcbs.tmall.com

印刷 合肥市宏基印刷有限公司

发行 中国科学技术大学出版社

开本 710 mm×1000 mm 1/16

印张 8

字数 163千

版次 2023年9月第1版

印次 2023年9月第1次印刷

定价 46.00元

前　　言

在经济、金融、能源和通信等领域，数据普遍具有时间上的相关性.例如股市每日的涨跌幅，无疑是与前一个交易日的涨跌幅相关的.大宗商品的价格波动也是如此.因此对这些领域数据的研究，不能简单地套用独立数据的统计理论方法，而需要针对时间序列的理论和方法进行专门的研究.近年来，学者们针对时间序列提出一系列理论与方法，这些理论与方法在相关领域扮演了重要的角色.

一方面，随着大数据时代的到来，我们可以从相关领域中获得大量高维时间序列型数据.如果将这些高维时间序列型数据拆分成单独的一维时间序列，无疑将损失各维度之间的关联信息.例如大量股票的每日收盘数据，如果只针对每个个股进行研究，将会错失各股票之间的关联.相对地，如果能够发现不同股票之间的走势关联，就可以基于此提出相应的投资组合方法，以达到获取更大收益或控制风险的目的.在其他经济领域，这些数据的关联性也能为相关决策提供重要的帮助，例如美联储的货币政策目标是控制通胀和保持经济增长，而通过研究众多经济数据与这两个目标的关联性，可以为货币政策是否需要改变提供参考.然而，传统的统计方法常常在高维度数据下失效，例如最基本的总体协方差矩阵的估计问题，当样本量不能远远高于矩阵维数时，样本协方差阵的特征根与总体协方差阵的特征根将出现明显的偏移.针对此类现象，近年来随机矩阵理论成为一个热门研究领域，通过对高维随机矩阵进行谱分析，研究者们提出了大量适用于高维度数据的统计新理论和新方法. 但是相关研究大多集中于样本间独立的情形, 而针对高维时间序列型数据的研究较为稀少.

另一方面, 在经济等领域, 数据不但具有时间上的相关性, 而且常常是非平稳的. 这使得其各种性质将更加背离独立样本情形的研究. 目前, 虽然针对高维非平稳时间序列谱分析的统计学研究非常少见, 但其研究意义是毋庸置疑的.

本书是国家自然科学基金青年项目“基于随机矩阵理论的高维时间序列检验与估计”(12001517) 的研究成果. 笔者在新加坡南洋理工大学攻读博士学位期间, 师从国际随机矩阵专家潘光明教授, 进行高维随机矩阵研究; 在澳大利亚莫纳什大学从事博士后研究工作期间, 师从国际计量经济学权威、澳大利亚社科院院士高集体, 专攻高维非平稳时间序列的谱分析相关研究; 回国后, 在中国科学技术大学统计与金融系工作, 继续从事着相关研究并取得了若干新进展, 其中部分成果发表于国际顶级期刊 *Annals of Statistics*. 本书汇集了笔者在高维非平稳时间序列的谱分析领域的重要研究成果, 展示了非平稳时间序列的谱性质及其重要的统计推断应用.

目前在非平稳时间序列的谱分析领域, 相关的研究依然较少, 笔者希望通过向读者介绍一些全新进展可以起到抛砖引玉的作用. 由于笔者的学术水平和笔力有限, 本书难免会有各种不足之处, 恳请读者见谅, 并提出宝贵意见.

张　博

2023 年 4 月

目　　录

第1章　引　　论

近年来,随着互联网和计算机技术的飞速发展,收集和存储高维大数据变得越来越方便和廉价,各国政府、企业甚至个人都可以获取到海量的数据.在这些大数据中,可根据已有历史数据对未来进行预测的时间序列型数据占有重要地位,各国政府和企业均对其分析并作为决策的重要依据.例如,政府可以根据众多企业的每季度营收、利润和纳税数据分析当前经济形势进而制定合适的政策;电商平台可以根据众多用户的每月交易额和购买商品类型等数据制定更好的营销策略;投资银行或基金也可以根据股市中众多股票实时价格及相关数据布置和调整自身的投资组合.

然而真正有助于决策的信息常常混杂在海量的无关信息中,因此对大数据进行有效的分析和信息提取无疑是一个关键性的工作.对于上述提及的各类与时间相关的数据,过去研究者基于(一维或低维)时间序列提供了一系列经典而有效的分析方法.但在处理高维时间序列时,除了计算机性能和编程算法的高需求以外,传统统计学大量基于低维假设的理论结果也受到了挑战,这意味着基于低维统计方法所提取的信息可能会带有难以承受的偏差甚至错误.最典型的例子之一是,总体协方差矩阵的估计,这是多维统计和多维时间序列领域中一个常见而重要的问题,在低维情形下,使用样本协方差矩阵作为总体协方差矩阵的估计是一个经典的方法,然而 Marčenko 和 Pastur (1967) 发现当数据维数与样本量以一定的比例同时增长时,样本协方差矩阵的极限谱分布 (该分布如今已被学术界普遍称为"MP 率") 与总体协方差阵的极限谱分布有明显差别.这一发现意味着高维情形下样本协方差阵不再是总体协方差阵的相合估计,进而导致大量依赖于总体协方差阵相合估计的多维时间序列方法无法推广到高维情形,如 Chang(2004) 提出了自抽样(bootstrap)的方法处理具有横截面相关性的面板单位根检验,但该方法依赖于总体协方差矩阵的相合估计,仅在低维有效而在维数与样本量相近时有明显的偏差.因此对高维时间序列新型理论与方法的研究无疑具有重要意义.

人们通常将时间序列分为平稳时间序列和非平稳时间序列两种类型,这一划分基于两者之间性质的巨大差异.众所周知,大量的统计学研究都以独立同分布假设为基础,进而向更广的情形扩展,而独立同分布的数据可以视为一种特殊的平稳时间序列, 在一定条件下, 独立同分布情形适用的研究方法常常可以改进后推广至平稳时间序列. 因此, 统计学对时间序列的研究也更多侧重于平稳时间序列. 相比之下, 非平稳时间序列在很多方面具有完全不同的性质, 使得适用于独立同分布情形和平稳时间序列情形的方法难以推广至非平稳时间序列. 一个典型的例子是, 在独立同分布或平稳时间序列下, 样本均值是总体均值的一个良好估计, 通过减样本均值的操作可以有效避免总体均值对数据的影响. 但在非平稳时间序列中, 总体均值的定义不再存在, 不同时间的数据均值均不相同, 相应样本均值的意义也变得模糊不清, 减样本均值的操作也常常无法带来预期的效果.

与非平稳时间序列研究中的诸多困难相对的是, 非平稳时间序列在实际生活中普遍存在且具有巨大的现实意义. 从宏观经济数据中的国民生产总值到金融市场的股票价格走势, 从大气中二氧化硫含量到城市道路不同时段的车辆规模, 这些数据都具有典型的非平稳特征. 如图 1-1 所示, 标准普尔 500 指数的走势具有明显的非平稳特征. 图 1-2 显示, 沪深 300 指数的走势也有类似的特征.

因此对非平稳时间序列的研究不仅仅具有理论上的难度, 更符合现实中的迫切需求.

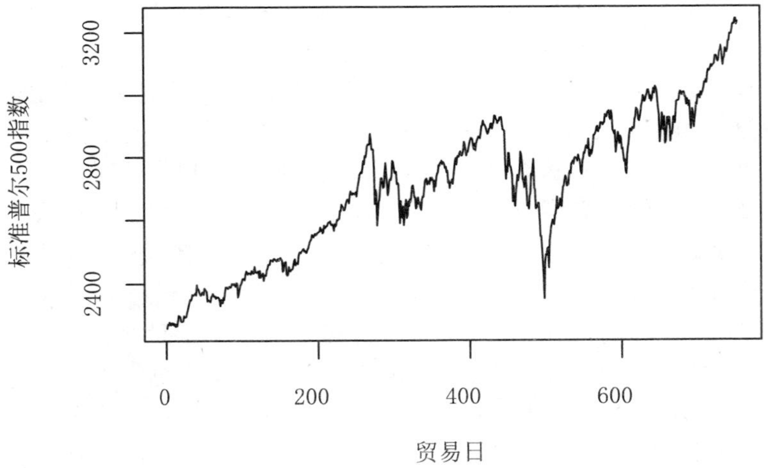

图 1-1 标准普尔 500 指数走势图 (2017—2019)

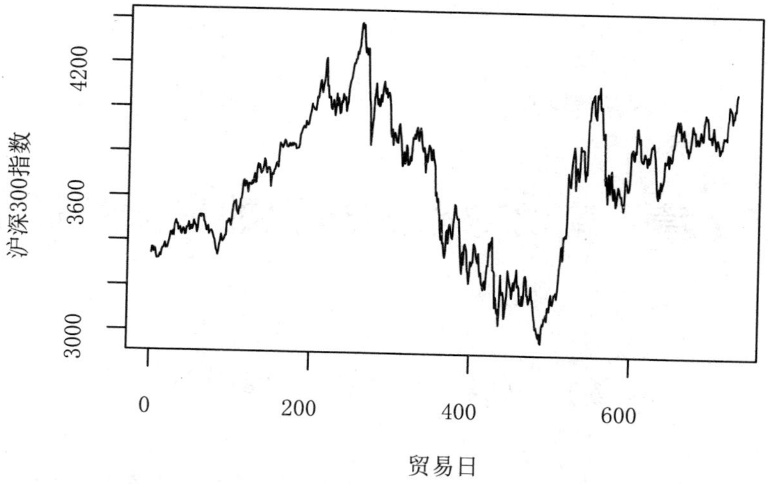

图 1-2 沪深 300 指数走势图 (2017—2019)

第 2 章 高维单位根过程的最大特征根

2.1 高维单位根过程引论

近年来, 人们对处理高维数据的理论和方法越来越感兴趣并取得了一系列重大进展. 解析高维样本协方差矩阵的谱性质, 包括其特征值和特征向量, 已被证明对高维数据理论和方法有着重要的作用. 事实上, 随机矩阵理论为高维数据分析提供了一系列有效的估计和检验方法. Johnstone (2007)、Paul 和 Aue (2014) 以及 Yao (2015) 等均对这一主题进行了仔细的讨论. 对样本协方差矩阵特征值的研究可以追溯到很早, 例如, Fisher (1937)、HSU (1939) 和 Roy (1939) 的研究. Marčenko 和 Pastur 的著名工作 MP 律使得这方面的研究变得越来越活跃. Marčenko 和 Pastur 针对 p 和 T 具有相同阶数的情况, 建立了样本协方差矩阵的极限谱分布（MP 型分布）. 近年来, 学术界的研究致力于建立高维样本协方差矩阵的特征值和特征向量的渐近性质.

目前关于高维随机矩阵最大特征值的渐近分布的研究主要有两条主线. 研究的第一条线：关于随机矩阵最大特征值的 Tracy-Widom 定律. 众所周知, 高维随机矩阵（如 Wigner 矩阵）的最大特征值的极限分布遵循 Tracy-Widom 定律, Tracy-Widom 定律最初是由 Tracy 和 Widom 于 1994 年和 1996 年基于高斯分布和 Wigner 矩阵发现的. Johnstone (2001) 对 Wishart 矩阵的最大特征值进行了研究. Bao 等人和 El Karoui 关于一般样本协方差矩阵的研究也取得了一些重要进展.

但来自无线通信、金融和语音识别的经验数据通常表明：样本协方差矩阵的某些极端特征值会与其他部分明显区分. 这产生了相关研究的第二条主线——关于尖峰特征值的研究. 这一概念最早是由 Johnstone (2001) 提出来的. 近年来, 在尖峰特征值的表现方面, 相关研究取得了重大进展. 例如, Baik 等 (2005) 研究了具有尖峰总体的复高斯样本协方差矩阵的最大特征值的中心极限定理. 该研究还提出了一个有趣的相变现象. Baik 和 Silverstein 进一步研究了具有一般尖峰总体的极端样本特征值的几乎处处收敛问题. Paul (2007) 建立了高斯分布和简单尖峰总体下尖峰特征值的中心极限定理. Bai 和 Yao (2008) 进一步研究了具有任意多重数的一般尖峰总体的极端样本特征值的波动.

尽管可以允许高维度数据的各分量具有相关结构, 但上述大多数现有研究都基于高维数据的各样本之间具有独立性的假设. 然而在经济学和金融学中, 对高维数据的观察往往高度依赖于时间. 鉴于此, Zhang (2006) 研究了数据矩阵形式为 A_1ZA_2 的情况下样本协方差的经验谱分布（ESD）, 其中 A_1 和 A_2 是半正定矩阵, Z 具有满足某些矩假设的独立项. 该模型被称为可分离协方差模型, 允许在不同时间点记录的观测值之间存在某种依赖性. Liu、Aue 和 Paul 研究了由线性过程构造的样本协方差矩阵和对称化样本自协方差矩阵的经验谱分布. 不过, 上述研究只考虑了经验谱分布.

目前还没有处理高维非平稳时间序列数据产生的样本协方差矩阵的最大特征值的工作. 其主要的困难是, 非平稳数据的总体协方差矩阵的性质还未知（即使我们可能对误差过程做出一些假设）. 本章将延续第二条研究主线——关于尖峰特征值的研究. 本章的主要贡献是建立了高维非平稳时间序列数据的样本协方差矩阵之前有限个最大特征值的联合渐近分布. 本章考虑高维非平稳时间序列的样本协方差矩阵问题. 具体来说, 我们定义以下线性过程:

$$Y_{tj} = \sum_{k=0}^{\infty} b_k Z_{t-k,j} \tag{2.1}$$

其中 $\sum\limits_{i=0}^{\infty} |b_i| < \infty$. 假设 $y_t = (Y_{t1}, \cdots, Y_{tp})'$ 是一个 p 维时间序列, $\{Z_{ij}\}$ 独立同分布随机变量满足 $EZ_{ij} = 0$, $E|Z_{ij}|^2 = 1$ 以及 $E|Z_{ij}|^4 < \infty$. 我们考虑如下的 p 维时间序列

$$x_t = \boldsymbol{\Pi} x_{t-1} + \boldsymbol{\Sigma}^{1/2} y_t, \quad 1 \leqslant t \leqslant T \tag{2.2}$$

其中 $\boldsymbol{\Pi}$ 的谱范数存在上界 1, 即 $0 \leqslant \|\boldsymbol{\Pi}\|_2 \leqslant 1$.

定义 $\overline{\boldsymbol{X}} = \left(\frac{\sum\limits_{t=1}^{T} x_t}{T}, \cdots, \frac{\sum\limits_{t=1}^{T} x_t}{T} \right)'$ 为一个 $T \times p$ 矩阵. 我们引入非中心化和中心化样本协方差矩阵如下:

$$\boldsymbol{B} = \frac{1}{p} X X^* \tag{2.3}$$

以及

$$\overline{\boldsymbol{B}} = \frac{1}{p} (X - \overline{X})(X - \overline{X})^* \tag{2.4}$$

其中 $X = (x_1, \cdots, x_T)'$. 这里我们指出: 当 $\boldsymbol{\Pi} = \mathbf{0}$, $\boldsymbol{\Sigma}$ 满足一定条件且 Y_{tj} 为独立随机变量时, Bao et al. (2015) 已经给出了其最大特征根服从 Tracy-Widom 分布. 同样地, 当 $\boldsymbol{\Pi} = \mathbf{0}$, $\boldsymbol{\Sigma}$ 是一个含有跳出特征根的分块矩阵以及 Y_{tj} 是独立同分布随机变量时, Paul (2007)、Bai 和 Yao (2008) 讨论了 $\boldsymbol{B}$ 的最大特征根的渐

近分布, 特别是在一定条件下, 其渐近分布为正态分布. 然而在 Y_{tj} 具有一定的相依结构时, $\boldsymbol{B}$ 的最大特征根表现此前并无研究. 一个典型的例子是 $\boldsymbol{\Pi}=\mathbf{0}$, 但式 (2.1) 含有 $\boldsymbol{\Sigma}$ 项. 当 $\boldsymbol{\Pi}=\boldsymbol{I}$ 时, 式 (2.2) 演化为非平稳时间序列.

本章将重点探索在 $\boldsymbol{\Pi}=\boldsymbol{I}$ 或 $\|\boldsymbol{\Pi}\|_2=\varphi<1$ 时, $\boldsymbol{B}$ 和 $\bar{\boldsymbol{B}}$ 的最大特征根表现. 在本章我们需要以下关于 b_i 和 $\boldsymbol{\Sigma}$ 的假设:

(A1) $\sum\limits_{i=0}^{\infty} i|b_i|<\infty$.

(A2) $\sum\limits_{i=0}^{\infty} b_i=s\neq 0$.

(A3) 存在 M_0 和 M_1 使得 $\|\boldsymbol{\Sigma}\|_2\leqslant M_0$ 以及 $\dfrac{\operatorname{tr}(\boldsymbol{\Sigma})}{p}\geqslant M_1$.

(A4) 令 $T\to\infty$ 以及 $p\to\infty$ 使得 $\lim\limits_{T,\ p\to\infty}\dfrac{\sqrt{p}}{T}=0$.

这里 $\|\cdot\|_2$ 表示矩阵的谱范数或者向量的欧几里得范数. 线性过程可以同时包括 MA(q) 过程和 AR(1) 过程. 假设 A2 很容易被满足. 注意:我们不需要 p 和 T 是同阶的, 这与随机矩阵文献中通常的要求不同. 假设 A3 覆盖了一系列被广泛应用的 $\boldsymbol{\Sigma}$. 例如我们可以发现单位矩阵 $\boldsymbol{I}$ 和 Toeplitz 矩阵都满足假设 A3. 然而我们需要指出, 假设 A3 排除了强因子模型, 因为它将导致 $\boldsymbol{\Sigma}$ 具有很大的特征根. 我们也关于 Z_{ij} 和 x_0 给出以下假设:

(A5) $\{Z_{i,j}\}$ 是独立同分布随机变量满足均值为 0, 方差为 1 且四阶矩有限. 令 $Z_t=(Z_{t1},\cdots,Z_{tp})'$, 其中 t 可以是自然数或负整数 (将用于假设 A7).

(A6) $E\|\boldsymbol{x}_0\|_2^2=O(p)$.

(A7) $\boldsymbol{x_0}=\sum\limits_{k=0}^{\infty}\tilde{\boldsymbol{b}}_k{\boldsymbol{\Sigma}_1}^{1/2}\boldsymbol{Z}_{-k}+\tilde{\boldsymbol{b}}_{-1}{\boldsymbol{\Sigma}_2}^{1/2}\tilde{\boldsymbol{Z}}+\tilde{\boldsymbol{b}}_{-2}$, 其中 $\|\boldsymbol{\Sigma}_1\|_2\leqslant M_0$, $\|\boldsymbol{\Sigma}_2\|_2\leqslant M_0$ 以及 $\tilde{\boldsymbol{Z}}=(\tilde{Z}_1,\cdots,\tilde{Z}_p)'$ 独立于 Z_t 对任何 t 成立. 这里 $\{\tilde{Z}_j\}$ 是独立同分布随机变量满足均值为 0, 方差为 1 且四阶矩有限. 系数满足 $\sum\limits_{k=0}^{\infty}|\tilde{\boldsymbol{b}}_k|+|\tilde{\boldsymbol{b}}_{-1}|<\infty$ 以及 $\|\tilde{\boldsymbol{b}}_{-2}\|^2=O(p)$.

2.2 非中心化的渐近理论

为了展示 $\boldsymbol{B}$ 最大特征根的极限, 我们做出以下定义:对 $k=1,\cdots,T$, 有

$$\lambda_k=\frac{1}{2(1+\cos\theta_k)},\quad \theta_k=\frac{2(T+1-k)\pi}{2T+1} \tag{2.5}$$

以及

$$\gamma_k=\lambda_k\left[a_0+2\sum_{j=1}^{\infty}a_j(-1)^j\cos(j\theta_k)\right] \tag{2.6}$$

其中

$$a_i = \sum_{k=0}^{\infty} b_k b_{k+i} \tag{2.7}$$

我们首先展示 λ_k 和 γ_k 的阶数.

命题 2.1 令假设 A1 和 A2 成立, 对任意固定的常数 $k \geqslant 1$, 存在一个常数 c_k 使得

$$\lim_{T\to\infty} \frac{\gamma_k}{T^2} = c_k > 0 \tag{2.8}$$

以及

$$\lim_{T\to\infty} \frac{\gamma_k}{\gamma_1} = \lim_{T\to\infty} \frac{\lambda_k}{\lambda_1} = \frac{1}{(2k-1)^2} \tag{2.9}$$

现在我们将展示主要结果. 第一个定理将在平稳情况下给出 B 谱范数依概率的上界. 第二个定理则将在非平稳情况下给出 B 最大的 k 个特征根的依概率极限和联合分布.

定理 2.1 令假设 A1~A6 成立, 当 $0 \leqslant \|\boldsymbol{\Pi}\|_2 = \varphi < 1$ 时, 有

$$\|\boldsymbol{B}\|_2 = O_p\left[\frac{\left(1+\sqrt{\dfrac{T}{p}}\right)^2}{(1-\varphi)^2}\right] \tag{2.10}$$

定理 2.2 令假设 A1~A5 成立, ρ_k 是 B 的第 k 大特征根. 令 $\boldsymbol{\Pi} = \boldsymbol{I}$ 以及 k 有限, 则

(1) 如果假设 A6 成立, 我们可以得出

$$\frac{\rho_k - \gamma_k \dfrac{\operatorname{tr}(\boldsymbol{\Sigma})}{p}}{\gamma_1} \xrightarrow{i.p.} 0 \tag{2.11}$$

其中 $i.p.$ 表示依概率收敛.

(2) 如果假设 A7 也成立, 以下随机向量

$$\frac{\sqrt{p}}{\gamma_1}\left(\rho_1 - \gamma_1 \frac{\operatorname{tr}(\boldsymbol{\Sigma})}{p}, \cdots, \rho_k - \gamma_k \frac{\operatorname{tr}(\boldsymbol{\Sigma})}{p}\right)' \tag{2.12}$$

弱收敛于零均值高斯随机向量 $\boldsymbol{w} = (w_1, \cdots, w_k)'$, 其协方差 $\operatorname{cov}(w_i, w_j) = 0$ 对任意 $i \neq j$ 成立, 方差 $\operatorname{var}(w_i) = \dfrac{2\theta}{(2i-1)^4}$, 其中 $\theta = \lim\limits_{p\to\infty} \dfrac{\operatorname{tr}(\boldsymbol{\Sigma}^2)}{p}$.

评论 2.1 该结果对复数情形也成立. 事实上当 Z 是复数时, 令

$$\operatorname{Re}(Z_{jk}) = Z_{ij}^R, \quad \operatorname{Im}(Z_{jk}) = Z_{ij}^I \tag{2.13}$$

令 Z_{ij}^R 和 Z_{ij}^I 独立, 则 $\dfrac{\sqrt{p}}{\gamma_1}\left(\rho_1-\gamma_1\dfrac{\operatorname{tr}(\boldsymbol{\Sigma})}{p},\cdots,\rho_k-\gamma_k\dfrac{\operatorname{tr}(\boldsymbol{\Sigma})}{p}\right)'$ 弱收敛于零均值高斯随机向量 $\boldsymbol{w}=(w_1,\cdots,w_k)'$ 满足 $\operatorname{var}(w_i)=\dfrac{2\theta}{(2i-1)^4}(1-2E(Z_{i1}^R)^2E(Z_{i1}^I)^2)$, $\theta=\lim\limits_{p\to\infty}\dfrac{\operatorname{tr}(\boldsymbol{\Sigma}^2)}{p}$. 当 $i\neq j$ 时, $\operatorname{cov}(w_i,w_j)=0$.

评论 2.2 如果假设 A7 不成立但是假设 A6 成立, 则定理 2.2 在假设 A1～A3, A5 以及 $\lim\limits_{T,\ p\to\infty}\dfrac{p}{T}=0$ 下依然正确.

评论 2.3 将上述结果与 Bai 和 Yao (2008) 的研究进行比较. Bai 和 Yao (2008) 需要假设观测值之间的独立以及 $\boldsymbol{\Sigma}$ 具有尖峰结构. 在上述结果中, 观测值是高度相关的. 此外, 上述研究不需要 $\boldsymbol{\Sigma}$ 具有尖峰结构, 其原因是我们的尖峰特征根来自随机游走结构.

2.3 中心化的渐近理论

我们现在考虑 $\bar{\boldsymbol{B}}$ 的最大特征根. 为了展示 $\bar{\boldsymbol{B}}$ 最大特征根的极限, 我们做出如下定义:对 $k=1,\cdots,T$, 有

$$\bar{\lambda}_k=\frac{1}{2(1+\cos\bar{\theta}_k)},\quad \bar{\theta}_k=\frac{(T-k)\pi}{T}\tag{2.14}$$

$$\bar{\gamma}_k=\bar{\lambda}_k\left[a_0+2\sum_{j=1}^{\infty}a_j(-1)^j\cos(j\bar{\theta}_k)\right]\tag{2.15}$$

首先展示 $\bar{\lambda}_k$ 和 $\bar{\gamma}_k$ 的阶数, 该结果与命题 2.1 相似.

命题 2.2 令假设 A1 和 A2 成立, 对任意固定的常数 $k\geqslant 1$, 存在一个常数 $\bar{c}_k$ 使得

$$\lim_{T\to\infty}\frac{\bar{\gamma}_k}{T^2}=\bar{c}_k>0\tag{2.16}$$

$$\lim_{T\to\infty}\frac{\bar{\gamma}_k}{\bar{\gamma}_1}=\lim_{T\to\infty}\frac{\bar{\lambda}_k}{\bar{\lambda}_1}=\frac{1}{k^2}\tag{2.17}$$

接下来展示与定理 2.1 和 2.2 相对应的结果.

定理 2.3 令假设 A1～A6 成立, 当 $0\leqslant\|\boldsymbol{\Pi}\|_2=\varphi<1$ 时, 有

$$\|\bar{\boldsymbol{B}}\|_2=O_p\left[\frac{\left(1+\sqrt{\dfrac{T}{p}}\right)^2}{(1-\varphi)^2}\right]\tag{2.18}$$

定理 2.4　令假设 A1~A5 成立, ρ_k 是 $\bar{\boldsymbol{B}}$ 的第 k 大特征根. 令 $\boldsymbol{\Pi}=\boldsymbol{I}$ 以及 k 有限, 可得到以下结果:

$$\frac{\bar{\rho}_k-\bar{\gamma}_k\dfrac{\operatorname{tr}(\boldsymbol{\Sigma})}{p}}{\bar{\gamma}_1}\xrightarrow{i.p.}0 \tag{2.19}$$

以及随机向量

$$\frac{\sqrt{p}}{\bar{\gamma}_1}\left(\bar{\rho}_1-\bar{\gamma}_1\frac{\operatorname{tr}(\boldsymbol{\Sigma})}{p},\cdots,\bar{\rho}_k-\bar{\gamma}_k\frac{\operatorname{tr}(\boldsymbol{\Sigma})}{p}\right)' \tag{2.20}$$

该随机向量弱收敛于零均值高斯随机向量 $\bar{\boldsymbol{w}}=(\bar{w}_1,\cdots,\bar{w}_k)'$, 其协方差 $\operatorname{cov}(\bar{w}_i,\bar{w}_j)=0$ 对任意 $i\neq j$ 成立, 方差 $\operatorname{var}(\bar{w}_i)=\dfrac{2\theta}{i^4}$, 其中 $\theta=\lim\limits_{p\to\infty}\dfrac{\operatorname{tr}(\boldsymbol{\Sigma}^2)}{p}$.

评论 2.4　注意定理 2.4 不需要假设 A6 和 A7. 这是由于减均值操作可以消除 x_0 的影响.

2.4　非中心化渐近理论的证明

关于截断矩阵的结果

首先考虑截断矩阵的结果. 令 $\boldsymbol{Y}=(y_1,\cdots,y_T)'$ 是一个 $T\times p$ 随机矩阵, 则

$$\boldsymbol{Y}_{ij,l}=\sum_{k=0}^{l}b_kZ_{i-k,j}$$

其中 $l=\max\{p,T\}$. $\boldsymbol{Y}_{ij,l}$ 是式 (2.1) 中 Y_{tj} 的一个截断版本. 为了记号方便, 在本小节中, 令 $b_i=0$ 对任意 $i>l$ 成立. 因此我们依然可以用 $\boldsymbol{Y}_{ij}$ 表示 $\boldsymbol{Y}_{ij,l}$. 这样式 (2.7) 中定义的 a_i 和式 (2.1) 中定义的 Y_{tj} 就相应地变成如下:

$$a_i=\sum_{k=0}^{l-i}b_kb_{k+i}$$

$$Y_{tj}=\sum_{k=0}^{l}b_kZ_{t-k,j}$$

进一步地, 令 $\boldsymbol{F}$ 是 $T\times(T+l)$ 的矩阵, 其第 (i,j) 个元素 $F_{(i,j)}$ 满足下式:

$$F_{(i,j)}=\begin{cases}b_{l+i-j} & (i\leqslant j\leqslant i+l)\\ 0 & (\text{otherwise})\end{cases} \tag{2.21}$$

当 $Y=FZ_p$ 时, $\boldsymbol{Z_p}$ 是一个 $(T+l)\times p$ 随机矩阵, 并满足 $(Z_p)_{i,j}=Z_{i-l,j}$. 为了记号简单, 本书将 $\boldsymbol{Z_p}$ 记为 $\boldsymbol{Z}$ 以及将 $(Z_p)_{i,j}$ 记为 Z_{ij}. 令 $A=(A_{ij})_{T\times T}=(a_{|i-j|})_{T\times T}$, 则有 $A=FF'$. 值得注意的是, l 依赖于 T, 因此 $a_{|i-j|}$ 依赖于 T.

令 $x_0=0$, 探究平稳情况下 $\boldsymbol{B}$ 谱范数依概率的上界.

命题 2.3 令假设 A1~A5 成立, 当 $0\leqslant\|\boldsymbol{\Pi}\|_2=\varphi<1$ 时, 有

$$\lim_{T\to\infty}P\left[\|\boldsymbol{B}\|_2\leqslant\frac{8\boldsymbol{\Sigma}_{i\geqslant0}|a_i|}{(1-\varphi)^2}M_0\left(1+\sqrt{\frac{T}{p}}\right)^2\right]=1$$

证明 [命题 2.3的证明]

根据式 (2.2), 我们可得出

$$\boldsymbol{x_t}=\sum_{k_1=0}^{t-1}\Pi^{k_1}\boldsymbol{\Sigma}^{1/2}y_{t-k_1}$$

从该式与式 (2.3) 可得出

$$\begin{aligned}\frac{1}{p}X'X&=\frac{1}{p}\sum_{t=1}^{T}x_tx_t'\\&=\frac{1}{p}\sum_{t=1}^{T}\sum_{k_1=0}^{t-1}\sum_{k_2=0}^{t-1}\Pi^{k_1}\boldsymbol{\Sigma}^{1/2}y_{t-k_1}y_{t-k_2}'\boldsymbol{\Sigma}^{1/2}\Pi'^{k_2}\\&=\frac{1}{p}\sum_{k_1=0}^{T-1}\sum_{k_2=0}^{T-1}\Pi^{k_1}\boldsymbol{\Sigma}^{1/2}\left[\sum_{t=\max(k_1,k_2)+1}^{T}y_{t-k_1}y_{t-k_2}'\right]\boldsymbol{\Sigma}^{1/2}\Pi'^{k_2}\end{aligned}$$

注意

$$\sum_{t=\max(k_1,k_2)+1}^{T}y_{t-k_1}y_{t-k_2}'=Y'\tilde{C}_{k_1}'\tilde{C}_{k_2}Y$$

其中 $\tilde{C}_k$ 是一个 $T\times T$ 矩阵满足元素 $\tilde{C}_{k,ij}=I(i-j=k)$. 易得 $\|\tilde{\boldsymbol{C}}_{\boldsymbol{k}}\|_2\leqslant1$. 因此得出

$$\|\frac{1}{p}X^*X\|_2\leqslant\sum_{k_1=0}^{T-1}\sum_{k_2=0}^{T-1}\varphi^{k_1+k_2}\left\|\frac{1}{p}Y^*Y\right\|_2\|\boldsymbol{\Sigma}\|_2 \tag{2.22}$$

$$\leqslant\frac{M_0}{(1-\varphi)^2}\left\|\frac{1}{p}Y^*Y\right\|_2$$

$$\leqslant\frac{M_0}{(1-\varphi)^2}\left\|\frac{1}{p}Z^*Z\right\|_2\|\boldsymbol{A}\|_2 \tag{2.23}$$

由于 $\boldsymbol{A}$ 是一个 Toeplitz 矩阵, 因此 $\|\boldsymbol{A}\|_2\leqslant2\boldsymbol{\Sigma}_{i\geqslant0}|a_i|$. 从假设 A4、Chen 和 Pan (2012) 以及 Bai 和 Silverstein (2006) 的结果可以得知

$$\lim_{T\to\infty}P\left[\left\|\frac{1}{p}ZZ^*\right\|_2\leqslant4\left(1+\sqrt{\frac{T}{p}}\right)^2\right]=1 \tag{2.24}$$

综上, 式 (2.22) 可完成命题的证明.

现在我们考虑非平稳的情形, 并做出以下定义: $\boldsymbol{C}=(C_{ij})_{1\leqslant i,j\leqslant T}$ 是一个 $T\times T$ 下三角阵, 并满足

$$C_{ij}=0, j>i;\quad C_{ij}=1, 1\leqslant j\leqslant i \tag{2.25}$$

这样有

$$\boldsymbol{B}=(1/p)\boldsymbol{X}\boldsymbol{X}^*=(1/p)\boldsymbol{C}\boldsymbol{Y}\boldsymbol{\Sigma}\boldsymbol{Y}^*\boldsymbol{C}^*=(1/p)\boldsymbol{C}\boldsymbol{F}\boldsymbol{Z_p}\boldsymbol{\Sigma}\boldsymbol{Z_p^*}\boldsymbol{F}^*\boldsymbol{C}^* \tag{2.26}$$

本书首先给出两个关于 $\boldsymbol{C}^*\boldsymbol{C}$ 特征根的引理.

引理 2.1　将 $\lambda_1\geqslant\lambda_2\geqslant\cdots\geqslant\lambda_T\geqslant 0$ 引入式 (2.5), 则它们是 $\boldsymbol{C}^*\boldsymbol{C}$ 的特征根.

证明　[引理 2.1 的证明]

令 $\boldsymbol{M_T}=(\boldsymbol{C}^*\boldsymbol{C})^{-1}$. 定义 $g_T(\lambda)=\det(\lambda\boldsymbol{I_T}-\boldsymbol{M_T})$. 我们可以研究逆矩阵 C^{-1}. 它是一个 $T\times T$ 下三角阵, 并具有以下元素:

$$C_{ij}^{-1}=\begin{cases}1 & (i=j)\\ -1 & (i=j+1)\\ 0\end{cases} \tag{2.27}$$

因此 $\boldsymbol{M_T}=(\boldsymbol{C}^*\boldsymbol{C})^{-1}$ 的元素 $M_{i,j}$ 满足

$$M_{ij}=\begin{cases}1 & (i=j=1)\\ 2 & (i=j>1)\\ -1 & (|i-j|=1)\\ 0\end{cases} \tag{2.28}$$

通过展开式, 我们可以发现以下递推关系:

$$g_T(\lambda)=(\lambda-2)g_{T-1}(\lambda)-g_{T-2}(\lambda) \tag{2.29}$$

首先考虑 $\lambda\in(0,4)$. 我们可以将其写为 $\lambda=\lambda(\theta)=2+2\cos\theta$, 由此可得到

$$g_T(\lambda)=\frac{\sin T\theta+\sin(T+1)\theta}{\sin\theta} \tag{2.30}$$

当 $\sin\theta\neq 0$ 时, $g_T(\lambda)=0$ 等价于

$$\sin T\theta+\sin(T+1)\theta=0 \tag{2.31}$$

令 $h_T(\theta)=\sin T\theta+\sin(T+1)\theta=2\sin(T+1/2)\theta\cos\dfrac{\theta}{2}$. 注意式 (2.5) 给出了 T 个不同的解均满足 $h_T(\theta)=0$ 以及 $\sin\theta\neq 0$. 此外, $g_T(\lambda)=0$ 至多有 T 个解.

引理 2.2 沿用式 (2.5) 的概念, 即

$$\lim_{T\to\infty}\frac{\lambda_k}{T^2}=\frac{4}{\pi^2(2k-1)^2} \tag{2.32}$$

对任意固定的 k.

引理 2.3 将展示 $\boldsymbol{C}^*\boldsymbol{C}$ 的特征向量.

引理 2.3 令 $\tilde{\boldsymbol{x}}_k=(x_{k,1},\cdots,x_{k,T})'$ 是一个 $T\times 1$ 向量, 满足

$$x_{k,i}=(-1)^{T-i}\sin(T-i+1)\theta_k\quad(-l\leqslant i\leqslant T+l) \tag{2.33}$$

则 $\tilde{\boldsymbol{x}}_{\boldsymbol{k}}(1\leqslant k\leqslant T)$ 是正交的且对任意 k, 有

$$\boldsymbol{C}^*\boldsymbol{C}\tilde{\boldsymbol{x}}_{\boldsymbol{k}}=\lambda_k\tilde{\boldsymbol{x}}_{\boldsymbol{k}} \tag{2.34}$$

由此可见引理 2.2 和引理 2.3 可以被验证. 我们只需要利用一个简单而重要的事实, 即

$$\sin(k+j)\theta+\sin(k-j)\theta=2\sin k\theta\cos j\theta \tag{2.35}$$

引理 2.4 将展示 $\boldsymbol{A}_{\boldsymbol{m}}\boldsymbol{C}^*\boldsymbol{C}$ 的特征根并给出它们渐近于 $\boldsymbol{A}\boldsymbol{C}^*\boldsymbol{C}$ 的特征根.

引理 2.4 将 γ_k 定义为

$$\gamma_k=\lambda_k\left[a_0+2\sum_{1\leqslant j\leqslant T-1}a_j(-1)^j\cos(j\theta_k)\right] \tag{2.36}$$

对任意固定的常数 $k\geqslant 1$, 存在 c_k 使得

$$\lim_{T\to\infty}\frac{\gamma_k}{T^2}=c_k>0 \tag{2.37}$$

以及

$$\lim_{T\to\infty}\frac{\gamma_k}{\gamma_1}=\lim_{T\to\infty}\frac{\lambda_k}{\lambda_1}=\frac{1}{(2k-1)^2} \tag{2.38}$$

令 $\beta_1\geqslant\beta_2\geqslant\cdots\geqslant\beta_T$ 是 $\boldsymbol{A}\boldsymbol{C}^*\boldsymbol{C}$ 的特征根. 如果 $\boldsymbol{A}$ 满足假设 A1 和 A2, 则对任何固定的整数 $i\geqslant 1$ 和 $j\geqslant 1$, 以下式子成立:

$$\left|\frac{\beta_i-\gamma_i}{\gamma_j}\right|=O(T^{-1}) \tag{2.39}$$

对任意的 $\epsilon>0$, 存在 T_0 和 k_0, 其中 k_0 是一个无关于 T 的常数, 当 $T\geqslant T_0$ 和 $k\geqslant k_0$ 时, 有

$$\left|\frac{\beta_k}{\gamma_1}\right|\leqslant\epsilon \tag{2.40}$$

证明　[引理 2.4 的证明]

首先证明式 (2.37) 和式 (2.38). 注意下式:

$$
\begin{aligned}
&\left|\left[a_0+2\sum_{1\leqslant j\leqslant T-1}a_j(-1)^j\cos(j\theta_k)\right]-\left(a_0+2\sum_{1\leqslant j\leqslant\infty}a_j\right)\right|\\
&\leqslant 2\sum_{1\leqslant j\leqslant T-1}|a_j|\left|\cos\left[\frac{j(2k-1)\pi}{2T+1}\right]-1\right|+2\sum_{T\leqslant j}|a_j|
\end{aligned}
$$

对固定的 k, 我们发现有一个 j_k 满足

$$
\begin{aligned}
&\frac{\pi}{3}\leqslant\frac{j_k(2k-1)\pi}{2T+1}\leqslant\frac{\pi}{2}\\
&2\sum_{1\leqslant j\leqslant j_k}|a_j|\left|\cos\left(\frac{j(2k-1)\pi}{2T+1}\right)-1\right|\leqslant 2\sum_{1\leqslant j\leqslant j_k}|a_j|\left[\frac{j(2k-1)\pi}{2T+1}\right]^2\\
&\qquad\leqslant\frac{2j_k(2k-1)^2\pi^2}{(2T+1)^2}\sum_{1\leqslant j\leqslant j_k}j|a_j|\\
&\qquad\leqslant\frac{(2k-1)\pi^2}{(2T+1)}\sum_{1\leqslant j\leqslant\infty}j|a_j|
\end{aligned}
$$

以及

$$
\begin{aligned}
2\sum_{j_k<j\leqslant T-1}|a_j|\left|\cos\left(\frac{j(2k-1)\pi}{2T+1}-1\right)\right|+2\sum_{T\leqslant j}|a_j|&\leqslant 4\sum_{j\geqslant j_k}|a_j|\\
&\leqslant j_k^{-1}4\sum_{j\geqslant j_k}j|a_j|\\
&\leqslant\frac{3(2k-1)}{2T+1}\sum_{1\leqslant j\leqslant\infty}j|a_j|
\end{aligned}
$$

从假设 A2、式 (2.53) 以及截断条件我们发现

$$
\begin{aligned}
&\lim_{T\to\infty}\left[a_0+2\sum_{1\leqslant j\leqslant T-1}a_j(-1)^j\cos(j\theta_k)\right]\\
&=\lim_{T\to\infty}\left(a_0+2\sum_{1\leqslant j\leqslant\infty}a_j\right)\\
&=\left(\sum_{i=0}^{\infty}b_i\right)^2=s^2>0
\end{aligned}
\tag{2.41}
$$

根据式 (2.32)、式 (2.36) 和式 (2.41), 可以证明式 (2.37) 和式 (2.38) 的正确性.

现在本书考虑 $\boldsymbol{AC^*C}$ 的特征根. 从式 (2.5) 可以得到

$$\sin(T-i)\theta_k = -\sin(T+i+1)\theta_k \tag{2.42}$$

根据式 (2.33) 和式 (2.42), 可以得到

$$x_{k,i} = x_{k,1-i} \quad (-T \leqslant i \leqslant 0) \tag{2.43}$$

以及

$$x_{k,i} = -x_{k,2T+2-i} \quad (T+2 \leqslant i \leqslant 2T) \tag{2.44}$$

此时, 构造一个新矩阵 $\boldsymbol{A_m}$, 其第 s 行 $a_{m,s}$ 满足

$$\begin{aligned}\boldsymbol{a_{m,s}\tilde{x}_k} &= a_0 x_{k,s} + \sum_{1\leqslant j\leqslant T-1} a_j(x_{k,s-j}+x_{k,s+j}) \\ &= \left[a_0 + 2\sum_{1\leqslant j\leqslant T-1} a_j(-1)^j \cos j\theta_k\right] x_{k,s}\end{aligned} \tag{2.45}$$

令 $\boldsymbol{a_s}$ 为 $\boldsymbol{A}$ 的第 s 行, 我们发现

$$\boldsymbol{a_s\tilde{x}_k} = a_0 x_{k,s} + \sum_{1\leqslant j\leqslant s-1} a_j x_{k,s-j} + \sum_{1\leqslant j\leqslant T-s} a_j x_{k,s+j} \tag{2.46}$$

进一步定义 $T\times T$ 矩阵 $\boldsymbol{A_l}$ 如下:

$$(\boldsymbol{A_l})_{ij} = \begin{cases} a_{i+j-1} & (i+j\leqslant T) \\ -a_{2T-i-j+2} & (i+j\geqslant T+3) \\ 0 & (T+1\leqslant i+j\leqslant T+2) \end{cases} \tag{2.47}$$

令

$$\boldsymbol{A_m} = \boldsymbol{A} + \boldsymbol{A_l} \tag{2.48}$$

可以验证

$$\boldsymbol{A_m\tilde{x}_k} = \left[a_0 + 2\sum_{1\leqslant j\leqslant T-1} a_j(-1)^j\cos j\theta_k\right]\boldsymbol{\tilde{x}_k} \tag{2.49}$$

则有

$$\boldsymbol{A_mC^*C\tilde{x}_k} = \lambda_k\boldsymbol{A_m\tilde{x}_k} = \gamma_k\boldsymbol{\tilde{x}_k} \tag{2.50}$$

说明 γ_k 是 $\boldsymbol{A_mC^*C}$ 的特征根.

现在我们考虑 $\boldsymbol{CA_lC^*}$, 易得

$$\|\boldsymbol{CA_lC^*}\|_2 \leqslant T\max_{i,j}\{|(\boldsymbol{CA_lC^*})_{i,j}|\} \tag{2.51}$$

回顾式 (2.47), 我们发现

$$\max_{i,j}\{|(\boldsymbol{C}\boldsymbol{A}_l\boldsymbol{C}^*)_{i,j}|\} \leqslant 2\sum_{i=1}^{T-1} i|a_i| \tag{2.52}$$

从式 (2.51) 我们得出

$$\|\boldsymbol{C}\boldsymbol{A}_l\boldsymbol{C}^*\|_2 \leqslant 2\sum_{i=0}^{T-1} i|a_i|T$$

$$\sum_{i=0}^{\infty} i|a_i| \leqslant \sum_{i=0}^{\infty} i\sum_{k=0}^{\infty}|b_k||b_{k+i}| = \sum_{k=0}^{\infty}|b_k|(\sum_{i=0}^{\infty} i|b_{k+i}|) \leqslant \sum_{k=0}^{\infty}|b_k|(\sum_{i=0}^{\infty} i|b_i|)$$

因此从假设 A1 可得出

$$\sum_{i=0}^{\infty} i|a_i| < \infty \tag{2.53}$$

考虑式 (2.53), 我们得出

$$\|\boldsymbol{C}\boldsymbol{A}_l\boldsymbol{C}^*\|_2 \leqslant 2\sum_{i=0}^{T-1} i|a_i|T = O(T) \tag{2.54}$$

令 $\tilde{\gamma}_1 \geqslant \tilde{\gamma}_2 \geqslant \cdots \geqslant \tilde{\gamma}_T$ 是 $\boldsymbol{C}\boldsymbol{A}_m\boldsymbol{C}^*$ 的特征根. 对固定的整数 i, β_i 是 $\boldsymbol{C}\boldsymbol{A}\boldsymbol{C}^*$ 的第 i 大特征根. 因此

$$\left|\frac{\beta_i - \tilde{\gamma}_i}{\gamma_j}\right| \leqslant \frac{\|\boldsymbol{C}(\boldsymbol{A}_m - \boldsymbol{A})\boldsymbol{C}^*\|_2}{\gamma_j} = \frac{\|\boldsymbol{C}\boldsymbol{A}_l\boldsymbol{C}^*\|_2}{\gamma_j} \tag{2.55}$$

从式 (2.36) 和式 (2.38) 我们发现, 对任意固定的 i, 存在 T_i 使得当 $T > T_i$ 时, $\tilde{\gamma}_i = \gamma_i$. 从式 (2.37) 和式 (2.54) 我们证明了式 (2.39).

式 (2.40) 则可由引理 2.6 直接证明.

引理 2.5　*令 A 满足假设 A1 和假设 A2, 则*

$$\mathrm{tr}\,(\boldsymbol{A}\boldsymbol{C}^*\boldsymbol{C}) = a_0\frac{(T+1)T}{2} + \sum_{1\leqslant j\leqslant T-1} a_j(T-j+1)(T-j) \tag{2.56}$$

以及

$$\lim_{T\to\infty}\frac{\beta_k}{\mathrm{tr}\,(\boldsymbol{A}\boldsymbol{C}^*\boldsymbol{C})} = \lim_{T\to\infty}\frac{\gamma_k}{\mathrm{tr}(\boldsymbol{A}\boldsymbol{C}^*\boldsymbol{C})} = \frac{8}{\pi^2(2k-1)^2} \tag{2.57}$$

证明　[引理 2.5 的证明]

通过计算可以验证式 (2.56). 观察下式:

$$\left|a_0 + \sum_{1\leqslant j\leqslant T-1} a_j\frac{(T-j+1)(T-j)}{\frac{(T+1)T}{2}} - \left(a_0 + 2\sum_{1\leqslant j\leqslant\infty} a_j\right)\right| = O(T^{-1})$$

可以发现, 从该式和式 (2.32)、式 (2.36)、式 (2.41)、式 (2.39) 以及假设 A2 可得出式 (2.57).

引理 2.6 令 $\boldsymbol{A}$ 满足假设 A1 和假设 A2, 对任意 $\epsilon > 0$, 存在 T_0 和 k_0, 其中 k_0 是一个与 T 无关的常数, 使得当 $T \geqslant T_0$ 时, 有

$$\left|\frac{\sum\limits_{k>k_0} \beta_k}{\gamma_1}\right| < \epsilon \tag{2.58}$$

证明 [引理 2.6的证明]

观察

$$\sum_{k=1}^{\infty} \frac{1}{(2k-1)^2} = \frac{3}{4} \sum_{k=1}^{\infty} \frac{1}{k^2} = \frac{\pi^2}{8} \tag{2.59}$$

对任意 $\epsilon > 0$, 我们有 k_0 使得

$$\left|\sum_{k=1}^{k_0} \frac{1}{(2k-1)^2} - \frac{\pi^2}{8}\right| < \frac{\epsilon}{3} \tag{2.60}$$

从式 (2.38)、式 (2.39) 和式 (2.57) 可以发现存在 T_0, 使得当 $T \geqslant T_0$ 时,

$$\left|\sum_{k=1}^{k_0} \frac{1}{(2k-1)^2} - \frac{\sum\limits_{k=1}^{k_0} \beta_k}{\gamma_1}\right| < \frac{\epsilon}{3} \tag{2.61}$$

以及

$$\left|\frac{\operatorname{tr}(\boldsymbol{A}\boldsymbol{C}^*\boldsymbol{C})}{\gamma_1} - \frac{\pi^2}{8}\right| < \frac{\epsilon}{3} \tag{2.62}$$

从式 (2.60)$\sim$ 式 (2.62) 中可得出

$$\left|\frac{\sum\limits_{k>k_0} \beta_k}{\gamma_1}\right| = \left|\frac{\operatorname{tr}(\boldsymbol{A}\boldsymbol{C}^*\boldsymbol{C})}{\gamma_1} - \frac{\sum\limits_{k=1}^{k_0} \beta_k}{\gamma_1}\right| < \epsilon \tag{2.63}$$

接下来, 本书将探索 $\boldsymbol{C}\boldsymbol{A}\boldsymbol{C}^*$ 的特征向量. 首先我们标准化 $\{\tilde{\boldsymbol{x}}_{\boldsymbol{k}}\}_{1\leqslant k\leqslant T}$, 得到 $\{\tilde{\boldsymbol{y}}_{\boldsymbol{k}}\}_{1\leqslant k\leqslant T}$. 然后通过用 $\{\tilde{y}_k\}_{1\leqslant k\leqslant T}$ 重表示的方法来研究 $\boldsymbol{A}\boldsymbol{C}^*\boldsymbol{C}$ 的特征向量. 最后本书将给出 $\boldsymbol{C}\boldsymbol{A}\boldsymbol{C}^*$ 的一些结果, 这些结果在主要定理的证明中是必要的.

引理 2.7 回顾引理 2.3 中定义的特征向量 $\tilde{\boldsymbol{x}}_{\boldsymbol{k}}$, 有

$$\sum_{j=1}^{T} (x_{k,j})^2 = \frac{2T+1}{4} \tag{2.64}$$

令

$$\tilde{\boldsymbol{y}}_{\boldsymbol{k}} = \frac{\tilde{\boldsymbol{x}}_{\boldsymbol{k}}}{\|\tilde{\boldsymbol{x}}_{\boldsymbol{k}}\|} \tag{2.65}$$

则 $\{\tilde{\boldsymbol{y}}_{\boldsymbol{k}}\}_{1\leqslant k\leqslant T}$ 是正交的且 $\tilde{\boldsymbol{y}}_{\boldsymbol{k}}$ 的第 j 个元素 $y_{k,j}$ 满足

$$|y_{k,j}| = \frac{|x_{k,j}|}{\sqrt{\dfrac{2T+1}{4}}} \leqslant \frac{2}{\sqrt{2T+1}} \tag{2.66}$$

证明　[引理 2.7 的证明]

从式 (2.33) 可得到

$$|x_{k,j}| \leqslant 1$$

引理 2.8　令 $\{\boldsymbol{u}_{\boldsymbol{k}}\}_{1\leqslant k\leqslant T}$ 是正交的实向量, 使得 $\|\boldsymbol{u}_{\boldsymbol{k}}\| = 1$ 以及

$$\boldsymbol{C}\boldsymbol{A}\boldsymbol{C}^*\boldsymbol{u}_{\boldsymbol{k}} = \beta_k \boldsymbol{u}_{\boldsymbol{k}} \tag{2.67}$$

定义 $\boldsymbol{f}_{\boldsymbol{k}} = \dfrac{C^{-1}u_k}{\|\boldsymbol{C}^{-\mathbf{1}}\boldsymbol{u}_{\boldsymbol{k}}\|}$, 使得

$$\boldsymbol{f}_{\boldsymbol{k}} = \sum_{j=1}^{T} \alpha_{kj} y_j \tag{2.68}$$

其中

$$\sum_{j=1}^{T} \alpha_{kj}^2 = 1 \tag{2.69}$$

则当 $k \geqslant 1$ 时, 有

$$\frac{\alpha_{kk}^2 \lambda_k}{\sum\limits_{j=1}^{T} \alpha_{kj}^2 \lambda_j} = 1 + O(T^{-1}) \tag{2.70}$$

其中, $\{\lambda_j\}$ 的定义在引理 2.1 中.

证明　[引理 2.8 的证明]

从 $\boldsymbol{f}_{\boldsymbol{k}} = \dfrac{C^{-1}u_k}{\|\boldsymbol{C}^{-\mathbf{1}}\boldsymbol{u}_{\boldsymbol{k}}\|}$ 和式 (2.67) 可以得到 $\|\boldsymbol{f}_{\boldsymbol{k}}\| = 1$ 以及

$$\boldsymbol{A}\boldsymbol{C}^*\boldsymbol{C}\boldsymbol{f}_{\boldsymbol{k}} = \beta_k \boldsymbol{f}_{\boldsymbol{k}} \tag{2.71}$$

从式 (2.48) 和式 (2.71) 可以得到

$$\boldsymbol{\beta}_k = \frac{\boldsymbol{f}_{\boldsymbol{k}}^*\boldsymbol{C}^*\boldsymbol{C}\boldsymbol{A}\boldsymbol{C}^*\boldsymbol{C}\boldsymbol{f}_{\boldsymbol{k}}}{\|\boldsymbol{C}\boldsymbol{f}_{\boldsymbol{k}}\|^2} = \frac{\boldsymbol{f}_{\boldsymbol{k}}^*\boldsymbol{C}^*\boldsymbol{C}(\boldsymbol{A}_{\boldsymbol{m}} - \boldsymbol{A}_{\boldsymbol{l}})\boldsymbol{C}^*\boldsymbol{C}\boldsymbol{f}_{\boldsymbol{k}}}{\|\boldsymbol{C}\boldsymbol{f}_{\boldsymbol{k}}\|^2}$$

因此

$$\frac{|\boldsymbol{f}_{\boldsymbol{k}}^*\boldsymbol{C}^*\boldsymbol{C}\boldsymbol{A}_{\boldsymbol{m}}\boldsymbol{C}^*\boldsymbol{C}\boldsymbol{f}_{\boldsymbol{k}}| - |\boldsymbol{f}_{\boldsymbol{k}}^*\boldsymbol{C}^*\boldsymbol{C}\boldsymbol{A}_{\boldsymbol{l}}\boldsymbol{C}^*\boldsymbol{C}\boldsymbol{f}_{\boldsymbol{k}}|}{\|\boldsymbol{C}\boldsymbol{f}_{\boldsymbol{k}}\|^2}$$

$$\leqslant \beta_k \leqslant \frac{|\boldsymbol{f}_{\boldsymbol{k}}^* \boldsymbol{C}^* \boldsymbol{C} \boldsymbol{A}_m \boldsymbol{C}^* \boldsymbol{C} \boldsymbol{f}_{\boldsymbol{k}}| + |\boldsymbol{f}_{\boldsymbol{k}}^* \boldsymbol{C}^* \boldsymbol{C} \boldsymbol{A}_l \boldsymbol{C}^* \boldsymbol{C} \boldsymbol{f}_{\boldsymbol{k}}|}{\|\boldsymbol{C} \boldsymbol{f}_{\boldsymbol{k}}\|^2} \tag{2.72}$$

根据式 (2.34)、式 (2.65) 和式 (2.68), 可以得到

$$\|\boldsymbol{C} \boldsymbol{f}_{\boldsymbol{k}}\| = \sqrt{\sum_{j=1}^{T} \alpha_{kj}^2 \lambda_j} \tag{2.73}$$

根据式 (2.34)、式 (2.50)、式 (2.65) 和式 (2.68), 可以推导出

$$\boldsymbol{C}^* \boldsymbol{C} \boldsymbol{A}_m \boldsymbol{C}^* \boldsymbol{C} \boldsymbol{f}_{\boldsymbol{k}} = \boldsymbol{C}^* \boldsymbol{C} \sum_{j=1}^{T} \alpha_{kj} \boldsymbol{A}_m \boldsymbol{C}^* \boldsymbol{C} \tilde{\boldsymbol{y}}_{\boldsymbol{j}} = \boldsymbol{C}^* \boldsymbol{C} \sum_{j=1}^{T} \alpha_{kj} \gamma_j \tilde{\boldsymbol{y}}_{\boldsymbol{j}} = \sum_{j=1}^{T} \alpha_{kj} \gamma_j \lambda_j \tilde{\boldsymbol{y}}_{\boldsymbol{j}}$$

该式与式 (2.68) 保证了

$$\boldsymbol{f}_{\boldsymbol{k}}^* \boldsymbol{C}^* \boldsymbol{C} \boldsymbol{A}_m \boldsymbol{C}^* \boldsymbol{C} \boldsymbol{f}_{\boldsymbol{k}} = \sum_{j=1}^{T} \alpha_{kj}^2 \gamma_j \lambda_j \tag{2.74}$$

根据式 (2.54), 可以得出

$$\frac{|\boldsymbol{f}_{\boldsymbol{k}}^* \boldsymbol{C}^* \boldsymbol{C} \boldsymbol{A}_l \boldsymbol{C}^* \boldsymbol{C} \boldsymbol{f}_{\boldsymbol{k}}|}{\|\boldsymbol{C} \boldsymbol{f}_{\boldsymbol{k}}\|^2} \leqslant \|\boldsymbol{C} \boldsymbol{A}_l \boldsymbol{C}^*\|_2 = O(T)$$

该式与式 (2.72)～ 式 (2.74) 结合可以得出

$$\frac{\sum\limits_{j=1}^{T} \alpha_{kj}^2 \gamma_j \lambda_j}{\sum\limits_{j=1}^{T} \alpha_{kj}^2 \lambda_j} - O(T) \leqslant \beta_k \leqslant \frac{\sum\limits_{j=1}^{T} \alpha_{kj}^2 \gamma_j \lambda_j}{\sum\limits_{j=1}^{T} \alpha_{kj}^2 \lambda_j} + O(T)$$

根据引理 2.4, 对任意的 k, 我们有

$$\sum_{j=1}^{T} \frac{\alpha_{kj}^2 \lambda_j}{\sum\limits_{j=1}^{T} \alpha_{kj}^2 \lambda_j} \frac{\gamma_j}{\beta_k} - O(T^{-1}) \leqslant 1 \leqslant \sum_{j=1}^{T} \frac{\alpha_{kj}^2 \lambda_j}{\sum\limits_{j=1}^{T} \alpha_{kj}^2 \lambda_j} \frac{\gamma_j}{\beta_k} + O(T^{-1}) \tag{2.75}$$

注意 $\{\boldsymbol{u}_{\boldsymbol{k}}\}_{1 \leqslant k \leqslant T}$ 和 $\{\tilde{\boldsymbol{y}}_{\boldsymbol{k}}\}_{1 \leqslant k \leqslant T}$ 是正交的. 当 $k \neq m$ 时, 从式 (2.34)、式 (2.65) 和式 (2.68) 得出

$$0 = U_k^* U_m = \frac{\boldsymbol{f}_{\boldsymbol{k}}^* \boldsymbol{C}^* \boldsymbol{C} \boldsymbol{f}_{\boldsymbol{m}}}{\|\boldsymbol{C} \boldsymbol{f}_{\boldsymbol{k}}\| \|\boldsymbol{C} \boldsymbol{f}_{\boldsymbol{m}}\|} = \frac{\sum\limits_{j=1}^{T} \alpha_{kj} \alpha_{mj} \lambda_j}{\|\boldsymbol{C} \boldsymbol{f}_{\boldsymbol{k}}\| \|\boldsymbol{C} \boldsymbol{f}_{\boldsymbol{m}}\|}$$

这说明

$$\sum_{j=1}^{T} \alpha_{kj} \alpha_{mj} \lambda_j = 0 \tag{2.76}$$

进一步, 令 $\upsilon_{kj}=\dfrac{\alpha_{kj}\sqrt{\lambda_j}}{\sqrt{\sum\limits_{j=1}^{T}\alpha_{kj}^2\lambda_j}}$, 可以得出

$$\sum_{j=1}^{T}\upsilon_{kj}^2=1 \tag{2.77}$$

注意式 (2.75) 等价于

$$\sum_{j=1}^{T}\upsilon_{kj}^2\frac{\gamma_j}{\beta_k}-O(T^{-1})\leqslant 1\leqslant\sum_{j=1}^{T}\upsilon_{kj}^2\frac{\gamma_j}{\beta_k}+O(T^{-1}) \tag{2.78}$$

同样式 (2.76) 说明

$$\sum_{j=1}^{T}\upsilon_{kj}\upsilon_{mj}=0 \tag{2.79}$$

本书考虑 υ_{kj} 对固定的 k 的影响. 当 $k=1$ 和 T 充分大时, 引理 2.4、式 (2.77) 和式 (2.78) 说明

$$O(T^{-1})=\left|1-\sum_{j=1}^{T}\upsilon_{1j}^2\frac{\gamma_j}{\beta_1}\right|\geqslant(1-\upsilon_{11}^2)\frac{\beta_1-\gamma_2}{\beta_1}-\upsilon_{11}^2\frac{|\beta_1-\gamma_1|}{\beta_1} \tag{2.80}$$

考虑式 (2.37)~ 式 (2.39), 我们有 $\dfrac{\beta_1-\gamma_1}{\beta_1}=O(T^{-1})$ 和 $\dfrac{\beta_1-\gamma_2}{\beta_1}=\dfrac{8}{9}+o(1)$. 式 (2.80) 说明 $\upsilon_{11}^2=1+O(T^{-1})$ 和 $\sum\limits_{j=2}^{T}\upsilon_{1j}^2=O(T^{-1})$. 从式 (2.79) 中, 对任意的 $k\neq 1$ 可得出

$$|\upsilon_{k1}\upsilon_{11}|=\left|\sum_{j=2}^{T}\upsilon_{kj}\upsilon_{1j}\right|\leqslant\sqrt{\sum_{j=2}^{T}\upsilon_{kj}^2}\sqrt{\sum_{j=2}^{T}\upsilon_{1j}^2}=O(T^{-1/2}) \tag{2.81}$$

该式说明 $\upsilon_{k1}^2=O(T^{-1})$. 相似的过程可得 $\upsilon_{22}^2=1+O(T^{-1})$ 以及 $\upsilon_{k2}^2=O(T^{-1})$ 对任意的 $k\neq 2$.

通过重复以上步骤我们得出 $\upsilon_{kk}^2=1+O(T^{-1})$ 对任意的 k 固定. 这证明了式 (2.70).

引理 2.9　令 $(S_{k,1},\cdots,S_{k,T+l})'=\boldsymbol{s}_k=\dfrac{\boldsymbol{F}^*\boldsymbol{C}^*\boldsymbol{u}_k}{\sqrt{\gamma_1}}$, 则 $\{\boldsymbol{S}_k\}_{1\leqslant k\leqslant T}$ 是正交的以及

$$\sum_{j=1}^{T+l}S_{k,j}^4=O(T^{-1}) \tag{2.82}$$

证明 [引理 2.9 的证明]

注意由时正交的和实数的因为 $\{\boldsymbol{u_k}\}_{1\leqslant k\leqslant T}$ 的正交性, 可以发现 $\{\boldsymbol{S_k}\}_{1\leqslant k\leqslant T}$ 也具有正交性, 进而由式 (2.34) 和式 (2.68) 可以得出

$$\boldsymbol{S_k}=\frac{\boldsymbol{F}^*\boldsymbol{C}^*\boldsymbol{C}\boldsymbol{f_k}}{\sqrt{\gamma_1}\|\boldsymbol{C}\boldsymbol{f_k}\|}=\frac{1}{\sqrt{\gamma_1}\|\boldsymbol{C}\boldsymbol{f_k}\|}\sum_{j=1}^{T}\alpha_{kj}\lambda_j\boldsymbol{F}^*\tilde{\boldsymbol{y}}_{\boldsymbol{j}}=\boldsymbol{S_{k,M}}+\boldsymbol{S_{k,R}} \tag{2.83}$$

其中

$$\boldsymbol{S_{k,M}}=\frac{1}{\sqrt{\gamma_1}\|\boldsymbol{C}\boldsymbol{f_k}\|}\alpha_{kk}\lambda_k\boldsymbol{F}^*\tilde{\boldsymbol{y}}_{\boldsymbol{k}},\quad \boldsymbol{S_{k,R}}=\frac{1}{\sqrt{\gamma_1}\|\boldsymbol{C}\boldsymbol{L_k}\|}\sum_{j\neq k}\alpha_{kj}\lambda_j\boldsymbol{F}^*\tilde{\boldsymbol{y}}_{\boldsymbol{j}} \tag{2.84}$$

根据 Hölder's 不等式, 得出

$$\|S_{k,R}\|=\|\frac{1}{\sqrt{\gamma_1}\|\boldsymbol{C}\boldsymbol{f_k}\|}\sum_{j\neq k}\alpha_{kj}\lambda_j\boldsymbol{F}^*\tilde{\boldsymbol{y}}_{\boldsymbol{j}}\|\leqslant\frac{1}{\sqrt{\gamma_1}\|\boldsymbol{C}\boldsymbol{f_k}\|}\|\boldsymbol{F}\|_2\sqrt{\sum_{j\neq k}\alpha_{kj}^2\lambda_j^2}$$

回顾 $\boldsymbol{A}=\boldsymbol{F}\boldsymbol{F}^*$, 得出

$$\|\boldsymbol{F}\|_2=\sqrt{\|\boldsymbol{A}\|_2}$$

由于 $\boldsymbol{A}$ 是一个 Hermitian Toeplitz 矩阵, 故

$$\|\boldsymbol{A}\|_2\leqslant 2\sum_{0\leqslant k\leqslant l}|a_k|$$

根据式 (2.53), 可以得到

$$\|\boldsymbol{F}\|_2=\sqrt{\|\boldsymbol{A}\|_2}<\infty$$

从引理 2.2、式 (2.70) 和式 (2.73) 可以获得对任意的固定 k, 有

$$\frac{\sqrt{\sum\limits_{j\neq k}\alpha_{kj}^2\lambda_j^2}}{\|Cf_k\|}\leqslant\sqrt{\frac{\sum\limits_{j\neq k}\alpha_{kj}^2\lambda_j}{\sum\limits_{j=1}^{T}\alpha_{kj}^2\lambda_j}}\sqrt{\lambda_1}=O(T^{1/2})$$

该式和式 (2.37) 说明对任意的固定 k, 有

$$\|S_{k,R}\|=O(T^{-1/2}) \tag{2.85}$$

类似地, 我们也可以获得对任意的固定 k, $\dfrac{1}{\sqrt{\gamma_1}\|\boldsymbol{C}\boldsymbol{f_k}\|}\alpha_{kk}\lambda_k$ 是有界的.

令 $S_{k,M,j}$ 是 $S_{k,M}$ 的第 j 个元素以及 $S_{k,R,j}$ 是 $S_{k,R}$ 的第 j 个元素. 从式 (2.66)、式 (2.70) 和式 (2.84) 以及假设 A1 可以获得对任意的固定 k, 有

$$|S_{k,M,j}|\leqslant\frac{1}{\sqrt{\gamma_1}\|\boldsymbol{C}\boldsymbol{f_k}\|}|\alpha_{kk}|\lambda_k\frac{2}{\sqrt{2T+1}}\sum_{h=0}^{l}|b_h|=O(T^{-1/2}) \tag{2.86}$$

从式 (2.83)、式 (2.84) 和式 (2.86) 中, 我们发现对任意的固定 k, 有

$$\begin{aligned}\sum_{j=1}^{T+l} S_{k,j}^4 &\leqslant 8\sum_{j=1}^{T+l}(S_{k,R,j}^4 + S_{k,M,j}^4)\\ &\leqslant 8\sum_{j=1}^{T+l} S_{k,M,j}^4 + 8\left(\sum_{j=1}^{T+l} S_{k,R,j}^2\right)^2 = O(T^{-1})\end{aligned} \tag{2.87}$$

接下来, 本书将针对一类可分模型展示依概率收敛的结果.

引理 2.10　令 $\boldsymbol{D} = \frac{1}{p}\boldsymbol{W}\boldsymbol{Z}\boldsymbol{\Sigma}\boldsymbol{Z}^*\boldsymbol{W}^*$, 其中 $\boldsymbol{W}$ 是一个 $T\times(T+l)$ 矩阵, $\boldsymbol{\Sigma}$ 是一个 $p\times p$ 正定矩阵满足 $\|\boldsymbol{\Sigma}\|_2 \leqslant M_0$, 以及 $\boldsymbol{Z}$ 如式 (2.21) 中定义. 将 WW^* 按 $\tau_1 \geqslant \cdots \geqslant \tau_T$ 排序且保证 τ_1 有界. 假设 $\{\tau_k\}_{1\leqslant k\leqslant T}$ 满足以下条件:

(C1) 对任意的固定 k, 存在常数 $c_k > 0$ 使得

$$\lim_{T\to\infty} \tau_k = c_k \tag{2.88}$$

(C2) 对任意的 $\epsilon > 0$ 存在 T_0 和 k_0, 其中 k_0 是一个与 p 和 T 无关的常数, 使得当 $T \geqslant T_0$ 时, 有

$$\left|\sum_{k>k_0} \tau_k\right| < \epsilon \tag{2.89}$$

对任意的固定 k, 将 $\boldsymbol{D}$ 的前 k 个最大特征根表示为 $\rho_1 \geqslant \cdots \geqslant \rho_k$, 则 $\rho_j - c_j\frac{\mathrm{tr}(\boldsymbol{\Sigma})}{p}$ 依概率收敛于0.

证明　[引理 2.10 的证明]

我们可以发现 $\boldsymbol{V}$ 使得

$$\begin{aligned}\boldsymbol{V}\boldsymbol{W}^*\boldsymbol{W}\boldsymbol{V}^* &= \mathrm{diag}(\tau_1, \cdots, \tau_{T+l}) = \boldsymbol{\Lambda}_{\boldsymbol{T+l}}\\ \boldsymbol{V}\boldsymbol{V}^* &= \boldsymbol{V}^*\boldsymbol{V} = \boldsymbol{I}_{\boldsymbol{T+l}}\end{aligned}$$

其中 $\tau_k = 0$ 时, $k > T$. 因此 $\boldsymbol{D}^* = \frac{1}{p}\boldsymbol{V}\boldsymbol{Z}\boldsymbol{\Sigma}\boldsymbol{Z}^*\boldsymbol{V}^*\boldsymbol{\Lambda}_{\boldsymbol{T+l}}$ 与 $\frac{1}{p}\boldsymbol{Z}\boldsymbol{\Sigma}\boldsymbol{Z}^*\boldsymbol{W}^*\boldsymbol{W}$ 有相同的非 0 特征根.

我们只需要证明对任意的 $\delta > 0$ 和固定的数 k, 即

$$\lim_{T\to\infty} P\left(\left|\rho_k - c_k\frac{\mathrm{tr}(\boldsymbol{\Sigma})}{p}\right| > \delta\right) = 0 \tag{2.90}$$

考虑式 (2.89), 我们可以找到 $k_0 > 0$ 使得

$$\left|\sum_{k>k_0} \tau_k\right| < \frac{\delta}{4M_0} \tag{2.91}$$

将 $\mathbf{\Lambda}_{T+l}$ 改写为 $\mathbf{\Lambda}_{T+l}=\mathbf{\Lambda}_{T+l}^{M}+\mathbf{\Lambda}_{T+l}^{R}$, 其中

$$\begin{aligned}\mathbf{\Lambda}_{T+l}^{M}&=\operatorname{diag}\{\tau_1,\tau_2,\cdots,\tau_{k_0},0,\cdots,0\}\\ \mathbf{\Lambda}_{T+l}^{R}&=\operatorname{diag}\{0,\cdots,0,\tau_{k_0+1},\tau_{k_0+2},\cdots,\tau_{T+l}\}\end{aligned}\tag{2.92}$$

令 $h=\operatorname{tr}(\frac{1}{p}\boldsymbol{VZZ^*V^*\Lambda_{T+l}^{R}})$. 注意 $E(\boldsymbol{VZZ^*V^*})_{kk}=p$ 和 $\frac{\operatorname{var}(\boldsymbol{VZZ^*V^*})_{kk}}{p}$ $<\infty$. 我们可以考虑 h 的均值和方差如下:

$$E(h)=\sum_{k=k_0+1}^{T+l}E\frac{(\boldsymbol{VZZ^*V^*})_{kk}\tau_k}{p}=\sum_{k>k_0}\tau_k<\frac{\delta}{4M_0}$$

以及

$$\begin{aligned}\operatorname{Var}(h)&=\operatorname{Var}\left[\sum_{k=k_0+1}^{T}\left(\frac{(\boldsymbol{VZZ^*V^*})_{kk}\tau_k}{p}\right)\right]\\ &\leqslant\left[\sum_{k=k_0+1}^{T}\sqrt{\operatorname{Var}\left(\frac{(\boldsymbol{VZZ^*V^*})_{kk}\tau_k}{p}\right)}\right]^2=O\left[\frac{(\sum_{k>k_0}\tau_k)^2}{p}\right]=O\left(\frac{1}{p}\right)\end{aligned}$$

由于 $\boldsymbol{\Sigma}$ 是正定的, 我们有

$$\left\|\frac{1}{p}\boldsymbol{VZ\Sigma Z^*V^*\Lambda_{T+l}^{R}}\right\|_2\leqslant\operatorname{tr}\left(\frac{1}{p}\boldsymbol{VZ\Sigma Z^*V^*\Lambda_{T+l}^{R}}\right)\leqslant M_0h$$

因此, 有

$$\lim_{T\to\infty}P\left(\left\|\frac{1}{p}\boldsymbol{VZ\Sigma Z^*V^*\Lambda_{T+l}^{R}}\right\|_2>\frac{\delta}{2}\right)=0\tag{2.93}$$

将 $\frac{1}{p}\boldsymbol{VZ\Sigma Z^*V^*\Lambda_{T+l}^{M}}$ 的第 k 大特征根记为 ρ_k^M. 从 $\boldsymbol{\Lambda_{T+l}^{M}}$ 的定义出发, 可以得出 $\frac{1}{n}\boldsymbol{VZ\Sigma Z^*V^*\Lambda_{T+l}^{M}}$ 与它的左上 $k_0\times k_0$ 块有相同的非 0 特征根. 根据 Bai 和 Yao (2008) 中的定理, 容易证明左上 $k_0\times k_0$ 块中非对角元素的极限依概率趋于 0.

回想 k_0 是与 T 无关的数, 可以得出, $\frac{1}{p}\boldsymbol{VZ\Sigma Z^*V^*\Lambda_{T+l}^{M}}$ 的非零特征根是左上 $k_0\times k_0$ 块的对角元素. 从 Bai 和 Yao (2008) 的定理中可以得出, 左上 $k_0\times k_0$ 块的对角元素有以下极限:

$$\lim_{T\to\infty}P\left[\left|\rho_k^M-\tau_k\frac{\operatorname{tr}(\boldsymbol{\Sigma})}{p}\right|>\frac{\delta}{2}\right]=0\tag{2.94}$$

从式 (2.86)、式 (2.93) 和式 (2.94) 可以得到

$$\lim_{T\to\infty}P(|\rho_k-\lambda_k\frac{\operatorname{tr}(\boldsymbol{\Sigma})}{p}|>\delta)$$

$$
\begin{aligned}
&\leqslant \lim_{T\to\infty} P\left[|\rho_k^M - \lambda_k \frac{\operatorname{tr}(\boldsymbol{\Sigma})}{p}| + |\rho_k^M - \rho_k| > \delta\right] \\
&\leqslant \lim_{T\to\infty} P\left[|\rho_k^M - \lambda_k \frac{\operatorname{tr}(\boldsymbol{\Sigma})}{p}| > \frac{\delta}{2}\right] + \lim_{T\to\infty} P\left[|\rho_k^M - \rho_k| > \frac{\delta}{2}\right] \\
&\leqslant \lim_{T\to\infty} P\left[|\rho_k^M - \lambda_k \frac{\operatorname{tr}(\boldsymbol{\Sigma})}{p}| > \frac{\delta}{2}\right] + \lim_{T\to\infty} P\left[\|\frac{1}{p} VZ\boldsymbol{\Sigma}Z^*V^*\Lambda_{p+l}^R\|_2 > \frac{\delta}{2}\right] \\
&= 0
\end{aligned}
$$

命题 2.4 令假设 A1~A5 成立且 ρ_k 是 B 的第 k 大特征根. 当 $\Pi = I$ 时, $\dfrac{\rho_k - \gamma_k \frac{\operatorname{tr}(\boldsymbol{\Sigma})}{p}}{\gamma_1}$ 依概率收敛于 0.

我们将 $D = \dfrac{B}{\gamma_1}$ 代入引理 2.10. 引理 2.4 和引理 2.6 保证了引理 2.10 的条件被满足, 因此命题 2.4 成立.

命题 2.5 令假设 A1~A5 成立且 ρ_k 是 B 的第 k 大特征根. 当 $\Pi = I$ 时, $(\sqrt{p}\dfrac{\rho_1 - \gamma_1}{\gamma_1}, \cdots, \sqrt{p}\dfrac{\rho_k - \gamma_k}{\gamma_1})'$ 弱收敛于一个零均值高斯向量 $w = (w_1, \cdots, w_k)'$. 其协方差为 $\operatorname{cov}(w_i, w_j) = \delta_{ij}\dfrac{\theta}{(2i-1)^4}(2 - 4E(Z_{i1}^R)^2E(Z_{i1}^I)^2)$, 其中 $\theta = \lim\limits_{p\to\infty} \dfrac{\operatorname{tr}(\boldsymbol{\Sigma}^2)}{p}$.

证明 [命题 2.5的证明]

回顾此前引理中 u_k 和 s_k 的定义, 我们将 $(u_1, \cdots, u_T)$ 记为 $\boldsymbol{U}$ 以及 $\dfrac{\boldsymbol{F}^*\boldsymbol{C}^*\boldsymbol{U}}{\sqrt{\gamma_1}}$ 记为 $\boldsymbol{S}$. 注意 $\{\boldsymbol{u}_k\}_{1\leqslant k\leqslant T}$ 和 $\{\boldsymbol{s}_k\}_{1\leqslant k\leqslant T}$ 是正交的和实数的. 由于 $s_j^* s_i = 0$ 对任意 $i \neq j$, 我们有

$$
\boldsymbol{S}\boldsymbol{S}^* = \boldsymbol{\Lambda} = \operatorname{diag}\left\{\frac{\beta_1}{\gamma_1}, \cdots, \frac{\beta_T}{\gamma_1}\right\} \tag{2.95}
$$

令

$$
\boldsymbol{D} = \frac{\boldsymbol{U}^*\boldsymbol{B}\boldsymbol{U}}{\gamma_1} = \frac{1}{p}\boldsymbol{S}^*\boldsymbol{Z}\boldsymbol{\Sigma}\boldsymbol{Z}^*\boldsymbol{S} \tag{2.96}
$$

D 的特征根被按照 $\dfrac{\rho_T}{\gamma_1} \leqslant \cdots \leqslant \dfrac{\rho_1}{\gamma_1}$ 排序.

将 D 重写为分块矩阵. 我们先给出以下概念:对一个固定的数 $k > 0$, 令 $\boldsymbol{z}_j = [Z_{1j}, \cdots, Z_{(T+l)j}]'$. 令 $V_1 = \dfrac{1}{\sqrt{p}}(\xi_1, \cdots, \xi_p) = \dfrac{1}{\sqrt{p}}\boldsymbol{Q}_1\boldsymbol{Z} = \dfrac{1}{\sqrt{p}}({s_1}^*, \cdots, {s_k}^*)'Z$ 以及 $V_2 = \dfrac{1}{\sqrt{p}}(\boldsymbol{\eta}_1, \cdots, \boldsymbol{\eta}_p) = \dfrac{1}{\sqrt{p}}\boldsymbol{Q}_2\boldsymbol{Z} = \dfrac{1}{\sqrt{p}}({s_{k+1}}^*, \cdots, {s_T}^*)'Z$, 其中 $Q_1 = ({s_1}^*, \cdots, {s_k}^*)'$, $Q_2 = ({s_{k+1}}^*, \cdots, {s_T}^*)'$, 则

$$
\xi_j = [\xi_j(1), \cdots, \xi_j(k)]' = (s_1^*\boldsymbol{z}_j, \cdots, s_k^* z_j)' \tag{2.97}
$$

以及

$$
\eta_j = [\eta_j(k+1), \cdots, \eta_j(p)]' = (s_{k+1}^* z_j, \cdots, s_T^* z_j)' \tag{2.98}
$$

令 $\boldsymbol{\Lambda}_1=\mathrm{cov}(\boldsymbol{\xi}_j)=\boldsymbol{Q}_1Q_1{}^*$, $\boldsymbol{\Lambda}_2=\mathrm{cov}(\boldsymbol{\eta}_j)=Q_2Q_2{}^*$. 考虑式 (2.95), 可以得出

$$\boldsymbol{\Lambda}_1=\mathrm{diag}\left\{\frac{\beta_1}{\gamma_1},\cdots,\frac{\beta_k}{\gamma_1}\right\},\quad \boldsymbol{\Lambda}_2=\mathrm{diag}\left\{\frac{\beta_{k+1}}{\gamma_1},\cdots,\frac{\beta_T}{\gamma_1}\right\} \tag{2.99}$$

从引理 2.4和引理 2.5 以及式 (2.59) 中, 我们可以发现一个常数 M_k 使得

$$\lim_{T\to\infty}|\mathrm{tr}(\boldsymbol{\Lambda}_2)|=\lim_{T\to\infty}|\mathrm{tr}(\boldsymbol{\Lambda})-\mathrm{tr}(\boldsymbol{\Lambda}_1)|=\left|\frac{\pi^2}{8}-\sum_{j=1}^{k}\frac{1}{(2i-1)^2}\right|<M_k \tag{2.100}$$

考虑式 (2.96) ~ 式 (2.98), 可以将 $\boldsymbol{D}$ 重写为

$$\boldsymbol{D}=\begin{pmatrix} V_1\Sigma V_1{}^* & V_1\Sigma V_2{}^* \\ V_2\Sigma V_1{}^* & V_2\Sigma V_2{}^* \end{pmatrix}\triangleq\begin{pmatrix} W_{11} & W_{12} \\ W_{21} & W_{22} \end{pmatrix} \tag{2.101}$$

$\boldsymbol{D}$ 的特征多项式可以写成:

$$0=|\lambda \boldsymbol{I}_T-\boldsymbol{D}|=|\lambda \boldsymbol{I}_{T-k}-W_{22}||\lambda \boldsymbol{I}_k-\boldsymbol{K}_p(\lambda)| \tag{2.102}$$

其中

$$K_p(\lambda)=W_{11}+W_{12}(\lambda I_{T-k}-W_{22})^{-1}W_{21} \tag{2.103}$$

我们从引理 2.4 和引理 2.6 得出: $W_{22}=V_2\Sigma V_2{}^*=\dfrac{1}{p}Q_2Z\Sigma Z^*Q_2^*$, 满足引理 2.10 的条件. 引理 2.10 直接说明了 W_{22} 的最大特征根, ρ 依概率趋近于 $\dfrac{\gamma_{k+1}\dfrac{\mathrm{tr}(\boldsymbol{\Sigma})}{p}}{\gamma_1}$. 同时, 从引理 2.10 中也能发现: 当 $j\leqslant k$ 时, $\dfrac{\rho_j-\gamma_j\dfrac{\mathrm{tr}(\boldsymbol{\Sigma})}{p}}{\gamma_1}$ 依概率趋近于 0. 由于本书想研究前 k 个最大特征根, 从引理 2.4 和式 (2.102) 出发, 只需要研究特征多项式

$$0=|\lambda I_k-K_p(\lambda)|=|\boldsymbol{G}(\lambda)| \tag{2.104}$$

其中

$$G(\lambda)=\{G_{ij}(\lambda)\}_{1\leqslant i,j\leqslant k}=\lambda I_k-K_p(\lambda) \tag{2.105}$$

从式 (2.103) 可以看出

$$\begin{aligned} K_p(\lambda)&=W_{11}+W_{12}(\lambda I_{T-k}-W_{22})^{-1}W_{21}\\ &=V_1\Sigma V_1{}^*+V_1\Sigma V_2{}^*(\lambda I_{T-k}-W_{22})^{-1}V_2\Sigma V_1{}^*\\ &=V_1(\Sigma+A_p(\lambda))V_1{}^* \end{aligned}$$

其中

$$A_p(\lambda)=\Sigma V_2{}^*(\lambda I_{T-k}-W_{22})^{-1}V_2\Sigma \tag{2.106}$$

即

$$K_p(\lambda)=\frac{1}{\sqrt{p}}R_p+\Lambda_1\frac{\mathrm{tr}(\Sigma)}{p}+V_1A_p(\lambda)V_1{}^* \tag{2.107}$$

其中

$$R_p = \{R_{ij}\}_{1\leqslant i,j\leqslant k} \tag{2.108}$$
$$= \sqrt{p}V_1\boldsymbol{\Sigma}V_1{}^* - \frac{\mathrm{tr}(\boldsymbol{\Sigma})}{\sqrt{p}}\Lambda_1 = \sqrt{p}V_1\boldsymbol{\Sigma}V_1{}^* - \sqrt{p}\Lambda_1\frac{\mathrm{tr}(\boldsymbol{\Sigma})}{p}$$

由此我们考虑式 (2.107) 中的 Hermitian 矩阵 $V_1A_p(\lambda)V_1{}^*$. 当 λ 是式 (2.104) 的一个解时, 引理 2.10 说明 λ 依概率大于 $\|W_{22}\|_2$. 因此 $(\lambda I_{T-k} - W_{22})^{-1}$ 和 $\sqrt{p}V_1A_p(\lambda)V_1{}^*$ 的特征根依概率非负. 当 λ 是式 (2.104) 的一个解时, 有

$$\|\sqrt{p}V_1A_p(\lambda)V_1{}^*\|_2 \leqslant \|(\lambda I_{T-k} - W_{22})^{-1}\|_2\mathrm{tr}(\sqrt{p}V_1\Sigma V_2^*V_2\Sigma V_1{}^*) \tag{2.109}$$

注意: $\sqrt{p}V_1\Sigma V_2^*V_2\Sigma V_1{}^*$ 的特征根也是非负的.

接下来将证明 $E(\sqrt{p}V_1\Sigma V_2^*V_2\Sigma V_1{}^*) = o_p(1)$.

令 $h_j = (\sqrt{p}V_1\Sigma V_2^*V_2\Sigma V_1{}^*)_{jj} \geqslant 0$, 我们可以证明 $h_j = o_p(1)$. 事实上有

$$\boldsymbol{h}_j = \frac{1}{p\sqrt{p}}\boldsymbol{s}_j^*Z\Sigma Z^*Q_2^*Q_2Z\Sigma Z^*s_j \tag{2.110}$$

令 $EZ_{ij}^2 = y$, $E(Z_{ij}^*)^2 = z$ 和 $E|Z_{ij}|^4 = x+1$. 注意下式:

$$s_j^*\boldsymbol{Q_2^*Q_2}s_j = 0 \tag{2.111}$$

$$E(h_j) = \frac{1}{p\sqrt{p}}s_j{}^*E(Z\Sigma Z^*\boldsymbol{Q_2^*Q_2}Z\Sigma Z^*)s_j \tag{2.112}$$
$$= O\left(\frac{\mathrm{tr}(\boldsymbol{Q_2^*Q_2})\mathrm{tr}\Sigma^2}{p\sqrt{p}}\right)$$

同样地,

$$\mathrm{tr}(P) = \mathrm{tr}(\boldsymbol{Q_2^*Q_2}) = \mathrm{tr}(\Lambda_2)$$

从式 (2.100)、式 (2.110) 和式 (2.112) 中, 我们推导出

$$E(h_j) = o(1) \tag{2.113}$$

由于 k 是一个固定的数, 则可以获得

$$E[\mathrm{tr}(\sqrt{p}V_1V_2^*V_2V_1{}^*)] = \sum_{j=1}^{k}E(h_j) = o(1) \tag{2.114}$$

根据 $\|(\lambda I_{T-k} - W_{22})^{-1}\|_2 = O_p(1)$、式 (2.109) 以及式 (2.114), 则有

$$\|V_1A_p(\lambda))V_1{}^*\|_2 = o_p(p^{-1/2}) \tag{2.115}$$

根据式 (2.107), 令 $\dfrac{1}{\sqrt{p}}R_p = \dfrac{1}{\sqrt{p}}(R_{ij})$. 从式 (2.108) 以及 V_1, Q_1 和 Λ_1 的定义, 我们有

$$\boldsymbol{R}_{ij} = \frac{1}{\sqrt{p}}[s_i^* Z\Sigma \boldsymbol{Z}^* s_j - s_i^* s_j \mathrm{tr}(\boldsymbol{\Sigma})] \tag{2.116}$$

注意:$E(s_i^* z_1 z_1^* s_j) = s_i^* s_j$. 根据 Bai 和 Yao (2008) 的定理, 我们可以证明 R_{ij} 弱收敛于一个零均值方差有界的高斯随机变量 r_{ij} . 因此可有

$$\frac{1}{\sqrt{p}}R_{ij} = O_p(p^{-1/2}) \tag{2.117}$$

注意 $\Lambda_1 \dfrac{\mathrm{tr}(\boldsymbol{\Sigma})}{p}$ 是一个对角矩阵, 因此可以发现任何 $\lambda I_k - K_p(\lambda)$ 的非对角元素是 $O_p(p^{-1/2})$. 这一点和式 (2.105) 一起说明了对任意的 $i \neq j$, $G_{ij}(\lambda) = O_p(p^{-1/2})$, 其中 λ 满足 $|G(\lambda)| = 0$. 类似地, $G_{ii}(\lambda) = \lambda - \dfrac{\mathrm{tr}(\boldsymbol{\Sigma})\beta_i}{p\gamma_1} + O_p(p^{-1/2})$ 是绝对有界的, 其中 λ 满足 $|G(\lambda)| = 0$.

定义 Ω_k 是包含所有 $\{1, 2, \cdots, k\}$ 的排列 σ 的集合. 根据行列式的 Laplace 公式, 则有

$$\begin{aligned}
0 = |\boldsymbol{G}(\lambda)| &= \sum_{\sigma \in \Omega_k} \mathrm{sgn}(\sigma) \prod_{j=1}^{k} G_{j,\sigma_j}(\lambda) \\
&= \sum_{\sigma \in \Omega_k, \sigma \neq [1,2,\cdots,k]} \mathrm{sgn}(\sigma) \prod_{j=1}^{k} G_{j,\sigma_j}(\lambda) + \prod_{j=1}^{k} G_{jj}(\lambda)
\end{aligned}$$

回想 $G(\lambda)$ 的所有非对角元素是 $O_p(p^{-1/2})$, 可以得出当 $\sigma \neq [1, 2, \cdots, k]$ 时, $\prod\limits_{j=1}^{k} G_{j,\sigma_j}(\lambda) = O_p(p^{-1})$. 这是因为此时至少有两个不同的 j_1 和 j_2 使得 $\sigma_{j_1} \neq j_1$ 以及 $\sigma_{j_2} \neq j_2$. 由于 k 是固定的, 故有

$$\prod_{1 \leqslant j \leqslant k} G_{jj}(\lambda) = -\sum_{\sigma \in \Omega_k, \sigma \neq [1,2,\cdots,k]} \mathrm{sgn}(\sigma) \prod_{j=1}^{k} G_{j,\sigma_j}(\lambda) = O_p(p^{-1}) \tag{2.118}$$

当 λ 满足 $|G(\lambda)| = 0$ 时, 存在 j (不超过 k) 使得 $|G_{jj}(\lambda)| = o(1)$. 当 $i \neq j$ 时, 从式 (2.107)、式 (2.115) 和式 (2.117) 可以推导出

$$\begin{aligned}
&|G_{jj}(\lambda) - G_{ii}(\lambda)| \\
&\quad \geqslant \frac{\mathrm{tr}(\boldsymbol{\Sigma})}{p}|(\Lambda_1)_{jj} - (\Lambda_1)_{ii}| - \left|\frac{1}{\sqrt{p}}R_{jj} - \frac{1}{\sqrt{p}}R_{ii}\right| \\
&\qquad - |(V_1 \boldsymbol{A}_p(\lambda) V_1{}^*)_{jj} - (V_1 \boldsymbol{A}_p(\lambda) V_1{}^*)_{ii}| \\
&\quad = \frac{\mathrm{tr}(\boldsymbol{\Sigma})|\beta_j - \beta_i|}{p\gamma_1} + O_p(p^{-1/2})
\end{aligned}$$

根据引理 2.4, 我们可以发现:对任意的 $i \neq j$, 有 $|G_{ii}(\lambda)| \geqslant \frac{\operatorname{tr}(\boldsymbol{\Sigma})}{p}\left(\left|\frac{1}{(2i-1)^2}-\frac{1}{(2j-1)^2}\right|\right)+o_p(1)$. 该式和式 (2.118) 说明 $|G_{jj}(\lambda)| = O_p(p^{-1})$. 因此, $|G_{jj}(\lambda_j)| = O_p(p^{-1})$ 对任意满足 $|G(\lambda_j)| = 0$ 的 $\lambda_j (j \leqslant k)$ 成立. 将其写为

$$(\lambda_1, \lambda_2, \cdots, \lambda_k) = (\lambda_1 - G_{11}(\lambda_1) + O_p(p^{-1}), \cdots, \lambda_k - G_{kk}(\lambda_k) + O_p(p^{-1})) \tag{2.119}$$

则有

$$\begin{aligned}
&\left(\sqrt{p}\left(\lambda_1 - \frac{\gamma_1}{\gamma_1}\frac{\operatorname{tr}(\boldsymbol{\Sigma})}{p}\right), \cdots, \sqrt{p}\left(\lambda_k - \frac{\gamma_k}{\gamma_1}\frac{\operatorname{tr}(\boldsymbol{\Sigma})}{p}\right)\right)\\
&= \left(\sqrt{p}\left(\lambda_1 - \frac{\gamma_1}{\gamma_1}\frac{\operatorname{tr}(\boldsymbol{\Sigma})}{p} - G_{11}(\lambda_1) + O_p(p^{-1})\right), \cdots,\right.\\
&\quad \left.\sqrt{p}\left(\lambda_k - \frac{\gamma_k}{\gamma_1}\frac{\operatorname{tr}(\boldsymbol{\Sigma})}{p} - G_{kk}(\lambda_k) + O_p(p^{-1})\right)\right)
\end{aligned}$$

基于此, 根据式 (2.105)、式 (2.107)、式 (2.99)、式 (2.108)、式 (2.115) 和引理 2.4 可以进一步获得

$$\begin{aligned}
&\sqrt{p}[\lambda_j - \frac{\gamma_j}{\gamma_1}\frac{\operatorname{tr}(\boldsymbol{\Sigma})}{p} - G_{jj}(\lambda_j) + O_p(p^{-1})]\\
&= \sqrt{p}[\lambda_j - \frac{\gamma_j}{\gamma_1}\frac{\operatorname{tr}(\boldsymbol{\Sigma})}{p} - \lambda_j + \frac{\beta_j}{\gamma_1}\frac{\operatorname{tr}(\boldsymbol{\Sigma})}{p} + \frac{1}{\sqrt{p}}R_{jj}\\
&\quad + (V_1\boldsymbol{A}_n(\lambda_j)V_1{}^*)_{jj} + O_p(p^{-1})]\\
&= R_{jj} + O(\sqrt{p}T^{-1}) + O_p(1)
\end{aligned} \tag{2.120}$$

回顾式 (2.116), 则有

$$\begin{aligned}
&(R_{11}, \cdots, R_{kk})'\\
&= \left(\frac{1}{\sqrt{p}}(s_1^* Z \Sigma Z^* s_1 - s_1^* s_1 \operatorname{tr}(\Sigma)), \cdots, \frac{1}{\sqrt{p}}(s_k^* Z \Sigma Z^* s_k - s_k^* s_k \operatorname{tr}(\boldsymbol{\Sigma}))\right)'
\end{aligned}$$

注意:$E(s_i^* z_1 z_1^* s_j) = s_i^* s_j$. 从 Bai 和 Yao (2008) 的定理中可以发现, $(R_{11}, \cdots, R_{kk})'$ 弱收敛于一个零均值高斯向量 $\boldsymbol{w} = (w_1, \cdots, w_k)'$.

下面我们同时确定复数和实数情形下的 w_i 和 w_j 之间的协方差. 为此, 令 $\omega = \lim\limits_{p\to\infty}\frac{\Sigma_{1\leqslant i\leqslant p}\Sigma_{ii}^2}{p}$ 以及 $\theta = \lim\limits_{p\to\infty}\frac{\operatorname{tr}(\boldsymbol{\Sigma}^2)}{p} = \lim\limits_{p\to\infty}\frac{\operatorname{tr}(\boldsymbol{\Sigma}\boldsymbol{\Sigma}')}{p}$. 当 $i \neq j$ 时, 根据 Bai 和 Yao (2008) 的定理, 则有

$$\begin{aligned}
&\operatorname{cov}(w_i, w_j)\\
&= \lim_{T\to\infty}\omega[E\mid \xi_1(i)\mid^2\mid \xi_1(j)\mid^2 - (E\mid \xi_1(i)\mid^2)(E\mid \xi_1(j)\mid^2)]\\
&\quad + \lim_{T\to\infty}(\theta-\omega)[E\bar{\xi}_1(i)\xi_1(j)][E\bar{\xi}_1(j)\xi_1(i)]
\end{aligned}$$

$$+\lim_{T\to\infty}(\theta-\omega)[E\xi_1(i)\xi_1(j)][E\bar{\xi}_1(i)\bar{\xi}_1(j)]$$

根据式 (2.97), 则有

$$\begin{aligned}&E(|\ \xi_1(i)\ |^2|\ \xi_1(j)\ |^2)-E(|\ \xi_1(i)\ |^2)E(|\ \xi_1(j)\ |^2)\\&=E(s_i^*Z_1Z_1^*s_is_j^*Z_1Z_1^*s_j)-E(s_i^*Z_1Z_1^*s_i)E(s_j^*Z_1Z_1^*s_j)\end{aligned}\tag{2.121}$$

回顾 $\{s_k\}_{1\leqslant k\leqslant T}$ 是实的和正交的, 则可得出

$$\begin{aligned}&E(s_i^*z_1z_1^*s_is_j^*z_1z_1^*s_j)\\&=E\left(\sum_{f_1=1}^{T+l}\sum_{f_2=1}^{T+l}S_{if_1}S_{if_2}Z_{f_11}Z_{f_21}^*\right)\left(\sum_{f_1=1}^{T+l}\sum_{f_2=1}^{T+l}S_{jf_1}S_{jf_2}Z_{f_11}Z_{f_21}^*\right)\\&=\sum_{f_1=1}^{T+l}\sum_{f_2\neq f_1}S_{if_1}S_{if_2}S_{jf_1}S_{jf_2}\left[EZ_{f_11}^2\left(Z_{f_21}^*\right)^2+E|Z_{f_11}|^2|Z_{f_21}|^2\right]\\&\quad+E\left(\sum_{f_1=1}^{T+l}S_{if_1}^2|Z_{f_11}|^2\right)\left(\sum_{f_2=1}^{T+l}S_{jf_2}^2|Z_{f_21}|^2\right)\\&=(yz+1)\sum_{f_1=1}^{T+l}\sum_{f_2\neq f_1}S_{if_1}S_{if_2}S_{jf_1}S_{jf_2}\\&\quad+E\left(\sum_{f_1=1}^{T+l}S_{if_1}^2|Z_{f_11}|^2\right)\left(\sum_{f_2=1}^{T+l}S_{jf_2}^2|Z_{f_21}|^2\right)\end{aligned}\tag{2.122}$$

由于 $\{s_k\}_{1\leqslant k\leqslant T}$ 是正交的, 我们从式 (2.82) 中得出

$$\begin{aligned}&(yz+1)\sum_{f_1=1}^{T+l}\sum_{f_2\neq f_1}S_{if_1}S_{if_2}S_{jf_1}S_{jf_2}\\&=(yz+1)\sum_{f_1=1}^{T+l}S_{if_1}S_{jf_1}\sum_{f_2=1}^{T+l}S_{if_2}S_{jf_2}-(yz+1)\sum_{f_1=1}^{T+l}S_{if_1}^2S_{jf_1}^2\qquad(2.123)\\&=-(yz+1)\sum_{f_1=1}^{T+l}S_{if_1}^2S_{jf_1}^2=O(T^{-1})\end{aligned}$$

和

$$\begin{aligned}&E\left(\sum_{f_1=1}^{T+l}S_{if_1}^2|Z_{f_11}|^2\right)\left(\sum_{f_2=1}^{T+l}S_{jf_2}^2|Z_{f_21}|^2\right)\\&=\sum_{f_1=1}^{T+l}S_{if_1}^2S_{jf_1}^2(E|Z_{f_11}|^4-1)+E(s_i^*z_1z_1^*s_i)E(s_j^*z_1z_1^*s_j)\end{aligned}\tag{2.124}$$

$$= E(s_i^* z_1 z_1^* s_i)E(s_j^* z_1 z_1^* s_j) + O(T^{-1})$$

总结式 (2.121)、式 (2.122)、式 (2.123) 和式 (2.124), 我们得出

$$\lim_{T\to\infty} \omega(E \mid \xi_1(i) \mid^2 \mid \xi_1(j) \mid^2 -(E \mid \xi_1(i) \mid^2)(E \mid \xi_1(j) \mid^2)) = 0$$

由于 $\{s_k\}_{1\leqslant k\leqslant T}$ 是正交的和实的, 我们同样有

$$E\bar{\xi}_1(i)\xi_1(j) = 0, \quad E\bar{\xi}_1(j)\xi_1(i) = 0$$

以及

$$E\xi_1(i)\xi_1(j) = 0, \quad E\bar{\xi}_1(i)\bar{\xi}_1(j) = 0$$

这说明

$$\mathrm{cov}(\boldsymbol{w}_i, \boldsymbol{w}_j) = 0 \tag{2.125}$$

根据式 (2.13) 和式 (2.97), 可以得出

$$\begin{aligned}
\mathrm{var}(w_i) &= \omega \lim_{T\to\infty} \{E \mid \xi_1(i) \mid^4 -2[E \mid \xi_1(i) \mid^2]^2 - [E\xi_1(i)^2][E\bar{\xi}_1(i)^2]\} \\
&\quad + \theta \lim_{T\to\infty} [E \mid \xi_1(i) \mid^2]^2 + \theta \lim_{T\to\infty} [E\xi_1(i)^2][E\bar{\xi}_1(i)^2] \\
&= \omega \lim_{T\to\infty} \{E \mid \xi_1(i) \mid^4 -2[E \mid \xi_1(i) \mid^2]^2 - [E\xi_1(i)^2][E\bar{\xi}_1(i)^2]\} \\
&\quad + \theta \frac{1}{(2i-1)^4} + \theta \frac{1}{(2i-1)^4}[1 - 4E(Z_{i1}^R)^2 E(Z_{i1}^I)^2]
\end{aligned}$$

根据引理 2.4, 可以得出

$$\begin{aligned}
&\lim_{T\to\infty} \{E \mid \xi_1(i) \mid^4 -2[E \mid \xi_1(i) \mid^2]^2 - [E\xi_1(i)^2][E\bar{\xi}_1(i)^2]\} \\
&= \lim_{T\to\infty} \{E\left|\sum_{j=1}^{T+l} S_{ij} Z_{j1}\right|^4 - 2\left(\frac{\beta_i}{\gamma_1}\right)^2 - \left(\frac{\beta_i}{\gamma_1}\right)^2 [E(Z_{i1}^R)^2 - E(Z_{i1}^I)^2]^2\} \\
&= \lim_{T\to\infty} \left[E\left(\sum_{j=1}^{T+l} S_{ij} Z_{j1}^R\right)^4 + E\left(\sum_{j=1}^{T+l} S_{ij} Z_{j1}^I\right)^4\right. \\
&\quad \left. +2E\left(\sum_{j=1}^{T+l} S_{ij} Z_{j1}^R\right)^2 \left(\sum_{j=1}^{T+l} S_{ij} Z_{j1}^I\right)^2\right] - \frac{1}{(2i-1)^4}\{2 + [E(Z_{i1}^R)^2 - E(Z_{i1}^I)^2]^2\}
\end{aligned}$$

回顾 Z_{j1}^R 和 Z_{j1}^I 是独立的, 则有

$$2E\left(\sum_{j=1}^{T+l} S_{ij} Z_{j1}^R\right)^2 \left(\sum_{j=1}^{T+l} S_{ij} Z_{j1}^I\right)^2 = 2E\left[\sum_{j=1}^{T+l} S_{ij}^2 (Z_{j1}^R)^2\right] E\left[\sum_{j=1}^{T+l} S_{ij}^2 (Z_{j1}^I)^2\right]$$

以及

$$
\begin{aligned}
&E\left(\sum_{j=1}^{T+l} S_{ij} Z_{j1}^R\right)^4 + E\left(\sum_{j=1}^{T+l} S_{ij} Z_{j1}^I\right)^4 + 2E\left(\sum_{j=1}^{T+l} S_{ij} Z_{j1}^R\right)^2\left(\sum_{j=1}^{T+l} S_{ij} Z_{j1}^I\right)^2 \\
&= 3\left\{\left[\sum_{j=1}^{T+l} S_{ij}^2 E(Z_{j1}^R)^2\right]^2 + \left[\sum_{j=1}^{T+l} S_{ij}^2 E(Z_{j1}^I)^2\right]^2\right\} \\
&\quad + \sum_{j=1}^{T+l} S_{ij}^4\left\{E(Z_{j1}^R)^4 + E(Z_{j1}^I)^4 - 3\left\{E\left[(Z_{j1}^R)^2\right]^2 + \left[E(Z_{j1}^I)^2\right]^2\right\}\right\} \\
&\quad + 2E\left[\sum_{j=1}^{T+l} S_{ij}^2 (Z_{j1}^R)^2\right] E\left[\sum_{j=1}^{T+l} S_{ij}^2 (Z_{j1}^I)^2\right] \\
&= 3\left[\sum_{j=1}^{T+l} S_{ij}^2 E(Z_{j1}^R)^2 + \sum_{j=1}^{T+l} S_{ij}^2 E(Z_{j1}^I)^2\right]^2 \\
&\quad + \sum_{j=1}^{T+l} S_{ij}^4\{E(Z_{j1}^R)^4 + E(Z_{j1}^I)^4 - 3\{[E(Z_{j1}^R)^2]^2 + [E(Z_{j1}^I)^2]^2\}\} \\
&\quad - 4E\left[\sum_{j=1}^{T+l} S_{ij}^2 (Z_{j1}^R)^2\right] E\left[\sum_{j=1}^{T+l} S_{ij}^2 (Z_{j1}^I)^2\right] \\
&= \left\{2 + \left[E(Z_{i1}^R)^2 - E(Z_{i1}^I)^2\right]^2\right\}\left(\sum_{j=1}^{T+l} S_{ij}^2\right)^2 \\
&\quad + \sum_{j=1}^{T+l} S_{ij}^4\left\{E(Z_{j1}^R)^4 + E(Z_{j1}^I)^4 - 3\left[E(Z_{j1}^R)^2\right]^2 + \left[E(Z_{j1}^I)^2\right]^2\right\}
\end{aligned}
$$

根据引理 2.4、式 (2.82) 和式 (2.95), 则有

$$
\begin{aligned}
&\left\{2 + \left[E(Z_{i1}^R)^2 - E(Z_{i1}^I)^2\right]^2\right\}\left(\sum_{j=1}^{T+l} S_{ij}^2\right)^2 \\
&\quad = \left\{2 + \left[E(Z_{i1}^R)^2 - E(Z_{i1}^I)^2\right]^2\right\}\left[\frac{1}{(2i-1)^4} + O(T^{-1})\right]
\end{aligned}
$$

以及

$$
\sum_{j=1}^{T+l} S_{ij}^4\left\{E(Z_{j1}^R)^4 + E(Z_{j1}^I)^4 - 3\left[E(Z_{j1}^R)^2\right]^2 + \left[E(Z_{j1}^I)^2\right]^2\right\} = O(T^{-1})
$$

因此可以得出

$$
\lim_{T\to\infty}\{E \mid \xi_1(i) \mid^4 - 2[E \mid \xi_1(i) \mid^2]^2 - [E\xi_1(i)^2]\,[E\bar{\xi}_1(i)^2]\} = 0
$$

进而有

$$\operatorname{var}(w_i) = \theta \frac{1}{(2i-1)^4}\left[2 - 4E(Z_{i1}^R)^2 E(Z_{i1}^I)^2\right]$$

这与式 (2.120) 和式 (2.125) 以及假设 A4 一起证明了命题 2.5.

定理的证明

本小节将证明定理在非截断时依然成立, 并将考虑更广泛的初始值 x_0. 我们定义 $T \times p$ 矩阵 $\boldsymbol{X}_0 = (x_0, \cdots, x_0)'$ 包含时间序列的初始值 x_0. 当 $\boldsymbol{\Pi} = \boldsymbol{I}$ 时, 我们可以将数据帧写为 $\boldsymbol{X} = CY\Sigma^{1/2} + X_0$ 以及 $\bar{X} = \frac{11'}{T}CY\Sigma^{1/2} + X_0$, 使得 $\boldsymbol{B}$ 和 $\bar{\boldsymbol{B}}$ 可以被重写为

$$\begin{aligned}\boldsymbol{B} &= \frac{1}{p}\boldsymbol{X}\boldsymbol{X}^* \\ &= \frac{1}{p}\boldsymbol{C}\boldsymbol{Y}\boldsymbol{\Sigma}\boldsymbol{Y}^*\boldsymbol{C}^* + \frac{1}{p}\boldsymbol{C}\boldsymbol{Y}\boldsymbol{\Sigma}^{1/2}\boldsymbol{X_0}^* + \frac{1}{p}\boldsymbol{X_0}\boldsymbol{\Sigma}^{1/2}\boldsymbol{Y}^*\boldsymbol{C}^* + \frac{1}{p}\boldsymbol{X_0}\boldsymbol{X_0}^*\end{aligned} \tag{2.126}$$

$$\bar{\boldsymbol{B}} = \frac{1}{p}(\boldsymbol{X} - \bar{\boldsymbol{X}})(\boldsymbol{X} - \bar{\boldsymbol{X}})^* = \frac{1}{p}(\boldsymbol{I} - \frac{11'}{\boldsymbol{T}})\boldsymbol{C}\boldsymbol{Y}\boldsymbol{\Sigma}\boldsymbol{Y}^*\boldsymbol{C}^*(\boldsymbol{I} - \frac{11'}{\boldsymbol{T}})^* \tag{2.127}$$

引理 2.11 回顾 $\boldsymbol{Y}$, λ_k 和 γ_k 的定义. 令 $l = \max\{p, T\}$ 以及 $\boldsymbol{Y_l}$ 是 $\boldsymbol{Y}$ 的截断版本, 则定义

$$\gamma_{k,l} = \lambda_k\left[a_{0,l} + 2\sum_{1\leqslant j\leqslant T-1} a_{j,l}(-1)^j\cos(j\theta_k)\right]$$

其中

$$a_{j,l} = \sum_{j\leqslant k\leqslant l} b_k b_{k-j} \tag{2.128}$$

当 $\boldsymbol{\Pi} = \boldsymbol{I}$ 时, 有

$$\left\|\frac{(1/p)\boldsymbol{C}(\boldsymbol{Y}\boldsymbol{\Sigma}\boldsymbol{Y}^* - \boldsymbol{Y_l}\boldsymbol{\Sigma}\boldsymbol{Y_l}^*)\boldsymbol{C}^*}{\gamma_{1,l}}\right\|_2 = o_p(p^{-1/2}) \tag{2.129}$$

以及

$$\frac{|\gamma_{k,l} - \gamma_k|}{\gamma_{1,l}} = o(1) \tag{2.130}$$

证明 [引理 2.11的证明]
根据式 (2.130), 回顾假设 A1 说明式 (2.53).

$$\frac{|\gamma_{k,l} - \gamma_k|}{\gamma_{1,l}} \leqslant \frac{\lambda_k}{\gamma_{1,l}}\left(\sum_{k>l} b_k^2 + 2\sum_{j=1}^{T-1}\sum_{k>l}|b_k||b_{k-j}| + 2\sum_{j\geqslant T}|a_j|\right)$$

$$\leqslant \frac{\lambda_k}{\gamma_{1,l}}\left(\sum_{k>l} b_k^2 + 2\sum_{j=1}^{\infty}|b_j|\sum_{k>l}|b_k| + 2\sum_{j\geqslant T}|a_j|\right)$$

从式 (2.53) 和假设 A1 中, 我们发现

$$\sum_{k>l} b_k^2 + 2\sum_{j=1}^{\infty}|b_j|\sum_{k>l}|b_k| + 2\sum_{j\geqslant T}|a_j| = o(1)$$

进一步, 根据引理 2.2 和假设 A1 或式 (2.36) 可推出 $\frac{\lambda_k}{\gamma_{1,l}}$ 有界. 因此, 本书证明了式 (2.130).

现在我们考虑式 (2.129). 基于引理 2.1, 我们发现

$$\begin{aligned}\left\|\frac{(1/p)C\left(\boldsymbol{Y\Sigma Y}^* - \boldsymbol{Y}_l\boldsymbol{\Sigma}\boldsymbol{Y}_l{}^*\right)C^*}{\gamma_{1,l}}\right\|_2 &\leqslant \frac{\| C \|_2^2}{\gamma_{1,l}}\,\|\,(1/p)(\boldsymbol{Y\Sigma Y}^* - \boldsymbol{Y}_l\boldsymbol{\Sigma}\boldsymbol{Y}_l{}^*)\,\|_2 \\ &= \frac{\lambda_1}{\gamma_{1,l}}\,\|\,(1/p)(\boldsymbol{Y\Sigma Y}^* - \boldsymbol{Y}_l\boldsymbol{\Sigma}\boldsymbol{Y}_l{}^*)\,\|_2\end{aligned}$$

如前所述, $\frac{\lambda_1}{\gamma_{1,l}}$ 有界, 则只需要考虑 $\|\,(1/p)(\boldsymbol{Y\Sigma Y}^* - \boldsymbol{Y}_l\boldsymbol{\Sigma}\boldsymbol{Y}_l{}^*)\,\|_2$. 令 $\boldsymbol{K} = (K_{ij})_{1\leqslant i\leqslant T,1\leqslant j\leqslant p} = \boldsymbol{Y} - \boldsymbol{Y}_l$, 那么 $\boldsymbol{K}_{ij} = \sum\limits_{k=l+1}^{\infty} b_k Z_{i-k,j}$ 以及 $E|K_{ij}|^2 = \sum\limits_{k=l+1}^{\infty} b_k^2$.

基于假设 A1, 可得

$$E|K_{ij}|^2 = \sum_{k=l+1}^{\infty} b_k^2 \leqslant l^{-2}\sum_{k=l+1}^{\infty} k^2|b_k|^2 = o(l^{-2})$$

以及

$$E\left\|\frac{1}{\sqrt{p}}\boldsymbol{K}\right\|_{F^2} = o(Tl^{-2})$$

由上述和式 (2.24) 可以说明

$$\begin{aligned}\|\,(1/p)(\boldsymbol{Y\Sigma Y}^* - \boldsymbol{Y}_l\boldsymbol{\Sigma}\boldsymbol{Y}_l{}^*)\,\|_2 &= \|\,(1/p)(\boldsymbol{K\Sigma Y}_l{}^* + \boldsymbol{Y}_l\boldsymbol{\Sigma K}^* + \boldsymbol{K\Sigma K}^*)\,\|_2 \\ &\leqslant 2\,\|\,\frac{1}{\sqrt{p}}\boldsymbol{K}\,\|_F\,\|\boldsymbol{\Sigma}\|_2\,\|\,\frac{1}{\sqrt{p}}\boldsymbol{Y}_l\,\|_2 + \|\,\frac{1}{\sqrt{p}}\boldsymbol{K}\,\|_F^2\,\|\boldsymbol{\Sigma}\|_2 = o_p(p^{-1/2})\end{aligned} \tag{2.131}$$

进而证明了式 (2.129) 是成立的.

证明 [定理 2.2 的证明]

首先证明式 (2.11).

根据式 (2.126), 可以得出

$$\boldsymbol{B} = \frac{1}{p}\boldsymbol{XX}^* = \frac{1}{p}\boldsymbol{CY\Sigma Y}^*\boldsymbol{C}^* + \frac{1}{p}\boldsymbol{CY\Sigma}^{1/2}\boldsymbol{X_0}^* + \frac{1}{p}\boldsymbol{X_0\Sigma}^{1/2}\boldsymbol{Y}^*\boldsymbol{C}^* + \frac{1}{p}\boldsymbol{X_0X_0}^*$$

根据假设 A6 说明

$$\left\|\frac{1}{p}\boldsymbol{X_0}\boldsymbol{X_0}^*\right\|_2 = O_p(T) \tag{2.132}$$

以及

$$\left\|\frac{1}{p}\boldsymbol{C}\boldsymbol{Y}\boldsymbol{\Sigma}^{\boldsymbol{1/2}}\boldsymbol{X_0}^*\right\|_2 = O_p\left(T^{1/2}\left\|\frac{1}{p}\boldsymbol{C}\boldsymbol{Y}\boldsymbol{\Sigma}\boldsymbol{Y}^*\boldsymbol{C}^*\right\|_2^{1/2}\right) \tag{2.133}$$

我们可以将 $\dfrac{(1/p)\boldsymbol{C}\boldsymbol{Y}\boldsymbol{\Sigma}\boldsymbol{Y}^*\boldsymbol{C}^*}{\gamma_1}$ 改写成

$$\begin{aligned}\frac{(1/p)\boldsymbol{C}\boldsymbol{Y}\boldsymbol{\Sigma}\boldsymbol{Y}^*\boldsymbol{C}^*}{\gamma_1} &= \frac{\gamma_{1,l}}{\gamma_1}\frac{(1/p)\boldsymbol{C}\boldsymbol{Y}\boldsymbol{\Sigma}\boldsymbol{Y}^*\boldsymbol{C}^*}{\gamma_{1,l}}\\ &= \frac{\gamma_{1,l}}{\gamma_1}\frac{(1/p)\boldsymbol{C}\boldsymbol{Y_l}\boldsymbol{\Sigma}\boldsymbol{Y_l}^*\boldsymbol{C}^*}{\gamma_{1,l}} + \frac{\gamma_{1,l}}{\gamma_1}\frac{(1/p)C(\boldsymbol{Y}\boldsymbol{\Sigma}\boldsymbol{Y}^* - \boldsymbol{Y_l}\boldsymbol{\Sigma}\boldsymbol{Y_l}^*)\boldsymbol{C}^*}{\gamma_{1,l}}\end{aligned} \tag{2.134}$$

基于式 (2.130), 可得出 $\lim\limits_{T\to\infty}\dfrac{\gamma_{1,l}}{\gamma_1} = 1$. 该式与式 (2.126)、命题 2.4、式 (2.129)、式 (2.132)、式 (2.133) 以及引理 2.4 一起证明了式 (2.11).

接下来证明中心极限定理.

事实上只需要证明下式即可：

$$\left\|\frac{1}{p}\boldsymbol{C}\boldsymbol{Y}\boldsymbol{\Sigma}^{\boldsymbol{1/2}}\boldsymbol{X_0}^*\right\|_2 = o_p(p^{-1/2}T^2) \tag{2.135}$$

注意：式 (2.133) 说明了 $\left\|\dfrac{1}{p}\boldsymbol{C}\boldsymbol{Y}\boldsymbol{\Sigma}^{\boldsymbol{1/2}}\boldsymbol{X_0}^*\right\|_2 = O_p(T^{3/2})$. 因此, 评论 2.2 成立.

假设 A7 说明

$$\left\|\frac{1}{p}\boldsymbol{X_0}\boldsymbol{X_0}^*\right\|_2 = O_p(T) \tag{2.136}$$

则需证明式 (2.135). 注意：$\mathrm{rank}(\boldsymbol{C}\boldsymbol{Y}\boldsymbol{\Sigma}^{\boldsymbol{1/2}}\boldsymbol{X_0}^*) = 1$. 回顾假设 A7, 可以发现

$$\left\|\frac{1}{p}\boldsymbol{C}\boldsymbol{Y}\boldsymbol{\Sigma}^{\boldsymbol{1/2}}\boldsymbol{X_0}^*\right\|_2 = \frac{\sqrt{T}}{p}\sqrt{\sum_{t=1}^{T}\left(\sum_{i=1}^{t} y_i'\boldsymbol{\Sigma}^{1/2}x_0\right)^2} \tag{2.137}$$

$$\begin{aligned}\sum_{i=1}^{t} y_i'\boldsymbol{\Sigma}^{1/2}\boldsymbol{x_0} &= \sum_{i=1}^{t} y_i'\boldsymbol{\Sigma}^{1/2}\sum_{k=0}^{\infty}\tilde{\boldsymbol{b}}_k\boldsymbol{\Sigma}_1^{1/2}\boldsymbol{z_{-k}} + \sum_{i=1}^{t} y_i'\boldsymbol{\Sigma}^{1/2}\tilde{\boldsymbol{b}}_{-1}\boldsymbol{\Sigma}_2^{1/2}\tilde{\boldsymbol{z}}\\ &\quad + \sum_{i=1}^{t} y_i'\boldsymbol{\Sigma}^{1/2}\tilde{\boldsymbol{b}}_{-2}\end{aligned} \tag{2.138}$$

基于式 (2.1) 和变量变换, 可以写出

$$\sum_{i=1}^{t} y_i' = \sum_{j=1}^{t} z_j' \left(\sum_{i=j}^{t} b_{i-j}\right) + \sum_{j=-\infty}^{0} z_j' \left(\sum_{i=1}^{t} b_{i-j}\right) \tag{2.139}$$

令 $(\tilde{c}_{-2,1},\cdots,\tilde{c}_{-2,p})' = \tilde{c}_{-2} = \Sigma^{1/2}\tilde{b}_{-2}$. 假设 A3 和 A7 可推出 $\|\tilde{\boldsymbol{c}}_{-2}\|^2 = O(p)$, 则

$$\sum_{i=1}^{t} y_i' \boldsymbol{\Sigma}^{1/2}\tilde{\boldsymbol{b}}_{-2} = \sum_{i=1}^{t} y_i' \tilde{\boldsymbol{c}}_{-2}$$

进而有

$$E\left(\sum_{i=1}^{t} y_i' \boldsymbol{\Sigma}^{1/2}\tilde{\boldsymbol{b}}_{-2}\right) = 0 \tag{2.140}$$

$$\operatorname{var}\left(\sum_{i=1}^{t} y_i' \boldsymbol{\Sigma}^{1/2}\tilde{\boldsymbol{b}}_{-2}\right) = \|\tilde{\boldsymbol{c}}_{-2}\|^2 \left[\sum_{j=1}^{t}\left(\sum_{i=j}^{t} b_{i-j}\right)^2 + \sum_{j=-\infty}^{0}\left(\sum_{i=1}^{t} b_{i-j}\right)^2\right] = O(pt) \tag{2.141}$$

以及

$$\sum_{i=1}^{t} y_i' \boldsymbol{\Sigma}^{1/2}\tilde{\boldsymbol{b}}_{-2} = O_p(p^{1/2}t^{1/2}) \tag{2.142}$$

根据式 (2.139), 可以写出

$$\begin{aligned}&\sum_{i=1}^{t} y_i' \boldsymbol{\Sigma}^{1/2}\tilde{b}_{-1}\boldsymbol{\Sigma}_2^{1/2}\tilde{\boldsymbol{z}}\\&\quad = \tilde{b}_{-1}\left[\sum_{j=1}^{t} z_j' \boldsymbol{\Sigma}^{1/2}\boldsymbol{\Sigma}_2^{1/2}\tilde{\boldsymbol{z}}\left(\sum_{i=j}^{t} b_{i-j}\right) + \sum_{j=-\infty}^{0} z_j' \boldsymbol{\Sigma}^{1/2}\boldsymbol{\Sigma}_2^{1/2}\tilde{\boldsymbol{z}}\left(\sum_{i=1}^{t} b_{i-j}\right)\right]\end{aligned}$$

假设 A7 说明 $\tilde{\boldsymbol{z}}$ 与 $\boldsymbol{z_t}$ 独立以及 $\tilde{\boldsymbol{b}}_{-1}$ 有界, 因此有

$$\sum_{i=1}^{t} y_i' \boldsymbol{\Sigma}^{1/2}\tilde{\boldsymbol{b}}_{-1}\boldsymbol{\Sigma}_2^{1/2}\tilde{\boldsymbol{z}} = O_p(p^{1/2}t^{1/2}) \tag{2.143}$$

现在考虑式 (2.138) 右边的第一项.

基于式 (2.139), 则有

$$\begin{aligned}&\sum_{i=1}^{t} \boldsymbol{y}_i' \boldsymbol{\Sigma}^{1/2}\sum_{k=0}^{\infty}\tilde{\boldsymbol{b}}_{\boldsymbol{k}}\boldsymbol{\Sigma}_1^{1/2}\boldsymbol{z}_{-\boldsymbol{k}}\\&\quad = \sum_{j=1}^{t}\sum_{k=0}^{\infty} \boldsymbol{z}_j' \boldsymbol{\Sigma}^{1/2}\boldsymbol{\Sigma}_1^{1/2}\boldsymbol{z}_{-\boldsymbol{k}}\tilde{\boldsymbol{b}}_{\boldsymbol{k}}\left(\sum_{i=j}^{t} b_{i-j}\right)\end{aligned}$$

$$+\sum_{j=-\infty}^{0}\sum_{k=0}^{\infty}\boldsymbol{z}_j'\boldsymbol{\Sigma}^{1/2}\boldsymbol{\Sigma}_1^{1/2}\boldsymbol{z}_{-k}\tilde{\boldsymbol{b}}_{\boldsymbol{k}}\left(\sum_{i=1}^{t}b_{i-j}\right)$$

直接计算可得

$$E\left(\sum_{i=1}^{t}\boldsymbol{y}_i'\boldsymbol{\Sigma}^{1/2}\sum_{k=0}^{\infty}\tilde{\boldsymbol{b}}_{\boldsymbol{k}}\boldsymbol{\Sigma}_1^{1/2}z_{-k}\right)=\sum_{k=0}^{\infty}\operatorname{tr}\left(\boldsymbol{\Sigma}^{1/2}\boldsymbol{\Sigma}_1^{1/2}\right)\tilde{\boldsymbol{b}}_{\boldsymbol{k}}\left(\sum_{i=1}^{t}b_{i+k}\right)=O(p) \tag{2.144}$$

$$\operatorname{var}\left(\sum_{i=1}^{t}\boldsymbol{y}_i'\boldsymbol{\Sigma}^{1/2}\sum_{k=0}^{\infty}\tilde{\boldsymbol{b}}_{\boldsymbol{k}}\boldsymbol{\Sigma}_1^{1/2}z_{-k}\right)=O(pt) \tag{2.145}$$

根据式 (2.142)~ 式 (2.145) 和假设 A4, 则可说明

$$\left\|\frac{1}{p}\boldsymbol{CY}\boldsymbol{\Sigma}^{\mathbf{1/2}}\boldsymbol{X}_{\mathbf{0}}{}^*\right\|_2=O_p[\max(p^{-1/2}T^{3/2},T)]=o_p(p^{-1/2}T^2) \tag{2.146}$$

由此完成了定理 2.2 的证明.

证明　[定理 2.1 的证明]

定义 $\boldsymbol{X}_{\mathbf{0}\boldsymbol{\Pi}}=(\boldsymbol{\Pi}\boldsymbol{x}_{\mathbf{0}},\cdots,\boldsymbol{\Pi}^T\boldsymbol{x}_{\mathbf{0}})'$ 和 $\boldsymbol{X}_{\mathbf{1}\boldsymbol{\Pi}}=\boldsymbol{X}-\boldsymbol{X}_{\mathbf{0}\boldsymbol{\Pi}}$, 则有

$$\begin{aligned}\boldsymbol{B}&=(1/p)\boldsymbol{X}\boldsymbol{X}^*\\&=(1/p)\boldsymbol{X}_{\mathbf{1}\boldsymbol{\Pi}}\boldsymbol{X}_{\mathbf{1}\boldsymbol{\Pi}}{}^*+(1/p)\boldsymbol{X}_{\mathbf{1}\boldsymbol{\Pi}}\boldsymbol{X}_{\mathbf{0}\boldsymbol{\Pi}}{}^*+(1/p)\boldsymbol{X}_{\mathbf{0}\boldsymbol{\Pi}}\boldsymbol{X}_{\mathbf{1}\boldsymbol{\Pi}}{}^*\\&\quad+(1/p)\boldsymbol{X}_{\mathbf{0}\boldsymbol{\Pi}}\boldsymbol{X}_{\mathbf{0}\boldsymbol{\Pi}}{}^*\end{aligned} \tag{2.147}$$

观察发现

$$\|(1/p)\boldsymbol{X}_{\mathbf{0}\boldsymbol{\Pi}}{}^*\boldsymbol{X}_{\mathbf{0}\boldsymbol{\Pi}}\|_2=\left\|(1/p)\sum_{t=1}^{T}\boldsymbol{\Pi}^t\boldsymbol{x}_{\mathbf{0}}\boldsymbol{x}_{\mathbf{0}}'\boldsymbol{\Pi}'^t\right\|_2\leqslant\frac{1}{p(1-\varphi^2)}\|x_0\|^2 \tag{2.148}$$

该式与假设 A6 一起说明

$$\|(1/p)\boldsymbol{X}_{\mathbf{0}\boldsymbol{\Pi}}{}^*\boldsymbol{X}_{\mathbf{0}\boldsymbol{\Pi}}\|_2=O_p(1) \tag{2.149}$$

回顾式 (2.22), 则有

$$\|(1/p)\boldsymbol{X}_{\mathbf{1}\boldsymbol{\Pi}}{}^*\boldsymbol{X}_{\mathbf{1}\boldsymbol{\Pi}}\|_2\leqslant\frac{M_0}{(1-\varphi)^2}\|(1/p)\boldsymbol{Y}^*\boldsymbol{Y}\|_2$$

基于式 (2.22)、式 (2.24) 和式 (2.131), 可得

$$\lim_{T\to\infty}P\left[\|(1/p)\boldsymbol{X}_{\mathbf{1}\boldsymbol{\Pi}}{}^*\boldsymbol{X}_{\mathbf{1}\boldsymbol{\Pi}}\|_2\leqslant\frac{8\sum_{i\geqslant 0}|a_i|}{(1-\varphi)^2}M_0\left(1+\sqrt{\frac{T}{p}}\right)^2\right]=1 \tag{2.150}$$

根据 Holder's 不等式, 则有

$$\|(1/p)\boldsymbol{X}_{\mathbf{0}\boldsymbol{\Pi}}\boldsymbol{X}_{\mathbf{1}\boldsymbol{\Pi}}{}^*\|_2\leqslant\sqrt{\|(1/p)\boldsymbol{X}_{\mathbf{0}\boldsymbol{\Pi}}{}^*\boldsymbol{X}_{\mathbf{0}\boldsymbol{\Pi}}\|_2\|(1/p)\boldsymbol{X}_{\mathbf{1}\boldsymbol{\Pi}}{}^*\boldsymbol{X}_{\mathbf{1}\boldsymbol{\Pi}}\|_2} \tag{2.151}$$

因此, 式 (2.149) ~ 式 (2.151) 可以证明定理 2.1.

2.5 中心化渐近理论的证明

定理 2.3 和定理 2.4 与定理 2.1 和定理 2.2 的证明思路是相似的, 但需要替换一系列的引理, 具体展示引理如下.

引理 2.12 回顾式 (2.14) 中的 $\bar{\lambda}_1 \geqslant \bar{\lambda}_2 \geqslant \cdots \geqslant \bar{\lambda}_{T-1} > 0$, 可以发现它们是 $\mathbf{C}^*\mathbf{H}^*\mathbf{H}\mathbf{C}$ 的正特征根.

证明 [引理 2.12 的证明]

将其写成 $\boldsymbol{C}^*\boldsymbol{H}^*\boldsymbol{H}\boldsymbol{C} = \text{diag}\{0, \bar{\mathbf{M}}_{T-1}\}$, 其中 $\bar{\boldsymbol{M}}_{T-1}$ 是一个 $(T-1)\times(T-1)$ 可逆矩阵. 令 $\ddot{\boldsymbol{M}}_{\boldsymbol{T-1}} = (\bar{\boldsymbol{M}}_{T-1})^{-1}$. 定义 $\ddot{\mathbf{M}}_{\mathbf{T}}$ 的特征值函数 $g_T(\lambda) = \det(\lambda \boldsymbol{I}_{\boldsymbol{T-1}} - \ddot{\boldsymbol{M}}_{\boldsymbol{T-1}})$, 可以发现 $\ddot{\boldsymbol{M}}_{\boldsymbol{T-1}}$ 的元素 $\{\ddot{M}_{i,j}\}$ 满足

$$\ddot{M}_{ij} = \begin{cases} 2 & (i=j) \\ -1 & (|i-j|=1) \\ 0 & (\text{otherwise}) \end{cases} \tag{2.152}$$

根据展开式, 我们可以得到以下递推公式:

$$g_T(\lambda) = (\lambda-2)g_{T-1}(\lambda) - g_{T-2}(\lambda) \tag{2.153}$$

先考虑 $\lambda \in (0,4)$, 我们可以将其写成 $\lambda = \lambda(\theta) = 2 + 2\cos\theta$, 进而解式 (2.153) 得到

$$g_T(\lambda) = \frac{\sin T\theta}{\sin\theta} \tag{2.154}$$

当 $\sin\theta \neq 0$ 时, $g_T(\lambda) = 0$ 等价于

$$\sin T\theta = 0 \tag{2.155}$$

令 $\bar{h}_T(\theta) = \sin T\theta$. 注意: 式 (2.14) 为 $h_T(\theta) = 0$ 和 $\sin\theta \neq 0$ 提供了 $T-1$ 个不同的解. 同时, $g_T(\lambda) = 0$ 至多有 $T-1$ 个解, 由此完成了证明.

引理 2.13 采用式 (2.14) 中的概念, 则有

$$\lim_{T\to\infty} \frac{\bar{\lambda}_k}{T^2} = \frac{1}{\pi^2 k^2} \tag{2.156}$$

对任意固定的k.

后面引理 2.14 将展示 $\boldsymbol{C}^*\boldsymbol{H}^*\boldsymbol{H}\boldsymbol{C}$ 的特征向量.

引理 2.14 令 $\ddot{\boldsymbol{x}}_{\boldsymbol{k}} = (0, \ddot{x}_{k,1}, \cdots, \ddot{x}_{k,T-1})'$ 是一个 $T\times 1$ 向量, 满足

$$\ddot{x}_{k,i} = (-1)^{T-i}\sin(T-i)\bar{\theta}_k, \ -l \leqslant i \leqslant T+l \tag{2.157}$$

则 $\{\ddot{\boldsymbol{x}}_{\boldsymbol{k}}, 1 \leqslant k \leqslant T-1\}$ 是正交的并满足对任意k, 有

$$\boldsymbol{C}^*\boldsymbol{H}^*\boldsymbol{H}\boldsymbol{C}\ddot{\boldsymbol{x}}_{\boldsymbol{k}} = \bar{\lambda}_k \ddot{\boldsymbol{x}}_{\boldsymbol{k}} \tag{2.158}$$

引理 2.13 和引理 2.14 可以被式 (2.35) 和一些计算验证.

引理 2.15 将展示 $\boldsymbol{A}_m\boldsymbol{C}^*\boldsymbol{H}^*\boldsymbol{H}\boldsymbol{C}$ 的特征根以及它们渐近于 $\boldsymbol{A}\boldsymbol{C}^*\boldsymbol{H}^*\boldsymbol{H}\boldsymbol{C}$ 的特征根.

引理 2.15　定义 $\bar{\gamma}_k$ 为

$$\bar{\gamma}_k = \bar{\lambda}_k \left[a_0 + 2 \sum_{1 \leqslant j \leqslant T-2} a_j (-1)^j \cos(j\bar{\theta}_k) \right] \tag{2.159}$$

对任何固定的 $k \geqslant 1$, 存在常数 c_k 使得

$$\lim_{T\to\infty} \frac{\bar{\gamma}_k}{T^2} = c_k > 0 \tag{2.160}$$

以及

$$\lim_{T\to\infty} \frac{\bar{\gamma}_k}{\bar{\gamma}_1} = \lim_{T\to\infty} \frac{\bar{\lambda}_k}{\bar{\lambda}_1} = \frac{1}{k^2} \tag{2.161}$$

令 $\bar{\beta}_1 \geqslant \bar{\beta}_2 \geqslant \cdots \geqslant \bar{\beta}_T$ 是 $\boldsymbol{A}\boldsymbol{C}^*\boldsymbol{H}^*\boldsymbol{H}\boldsymbol{C}$ 的特征根. 若 $\boldsymbol{A}$ 满足假设 A1 和 A2, 则式 (2.39) 和式 (2.40) 在 β_i 和 γ_i 被替换为 $\bar{\beta}_i$ 和 $\bar{\gamma}_i$ 后依然成立.

引理 2.16　令 $\boldsymbol{A}$ 满足假设 A1 和 A2, 则

$$\lim_{T\to\infty} \frac{\bar{\beta}_k}{\operatorname{tr}(\boldsymbol{A}\boldsymbol{C}^*\boldsymbol{H}^*\boldsymbol{H}\boldsymbol{C})} = \lim_{T\to\infty} \frac{\bar{\gamma}_k}{\operatorname{tr}(\boldsymbol{A}\boldsymbol{C}^*\boldsymbol{H}^*\boldsymbol{H}\boldsymbol{C})} = \frac{6}{\pi^2 k^2} \tag{2.162}$$

引理 2.17　令 $\boldsymbol{A}$ 满足假设 A1 和假设 A2, 对任意的 $\epsilon > 0$, 存在 T_0 和 k_0, 其中 k_0 是与 T 无关的常数, 使得当 $T \geqslant T_0$ 时, 有

$$\left| \frac{\sum_{k>k_0} \bar{\beta}_k}{\bar{\gamma}_1} \right| < \epsilon \tag{2.163}$$

引理 2.18　回顾引理 2.14 中定义的特征向量 $\ddot{\boldsymbol{x}}_{\boldsymbol{k}}$, 则

$$\sum_{j=1}^{T-1} (\ddot{x}_{k,j})^2 = \frac{T}{2} \tag{2.164}$$

令

$$\ddot{\boldsymbol{y}}_{\boldsymbol{k}} = \frac{\ddot{\boldsymbol{x}}_{\boldsymbol{k}}}{\|\ddot{\boldsymbol{x}}_{\boldsymbol{k}}\|} \tag{2.165}$$

$\{\ddot{\boldsymbol{y}}_{\boldsymbol{k}}\}_{1\leqslant k\leqslant T}$ 是正交的且 $\ddot{\boldsymbol{y}}_{\boldsymbol{k}}$ 的第 j 个元素 $y_{k,j}$ 满足

$$|\ddot{y}_{k,j}| = \frac{|\ddot{x}_{k,j}|}{\sqrt{\dfrac{T}{2}}} \leqslant \frac{\sqrt{2}}{\sqrt{T}} \tag{2.166}$$

引理 2.19 令 $\{\ddot{\boldsymbol{u}}_{\boldsymbol{k}}\}_{1\leqslant k\leqslant T-1}$ 是实正交向量, 使得 $\|\ddot{\boldsymbol{u}}_{\boldsymbol{k}}\|=1$ 且有

$$\boldsymbol{HCAC^*H^*}\ddot{\boldsymbol{u}}_{\boldsymbol{k}}=\bar{\beta}_k\ddot{\boldsymbol{u}}_{\boldsymbol{k}} \tag{2.167}$$

令 $(\ddot{S}_{k,1},\cdots,\ddot{S}_{k,T+l})'=\ddot{\boldsymbol{s}}_{\boldsymbol{k}}=\dfrac{\boldsymbol{F^*H^*C^*}\ddot{\boldsymbol{u}}_{\boldsymbol{k}}}{\sqrt{\bar{\gamma}_1}}$, 则 $\{\ddot{\boldsymbol{s}}_{\boldsymbol{k}}\}_{1\leqslant k\leqslant T-1}$ 是正交的且有

$$\sum_{j=1}^{T+l}\ddot{S}_{k,j}^4=O(T^{-1}) \tag{2.168}$$

由于引理 2.15 ～ 引理 2.19 的证明跟上一节非常相似, 因此本节忽略这一细节.

2.6 单位根模型在金融数据中的应用

如图 1-1 和图 1-2 所示, 金融数据通常具有非平稳特征, 而单位根模型假设了数据可以在差分后得到平稳的时间序列, 进而契合常见的平稳时间序列理论. 如果金融数据服从单位根模型, 那么对金融数据进行差分将得到接近于平稳的时间序列. 本节将展示对于常见的金融数据, 差分确实可以起到这一作用.

首先我们对标普 500 指数和沪深 300 指数进行差分, 得到了图 2-1 和图 2-2. 图 2-1 和图 2-2 展示了差分确实能够获得接近于平稳的时间序列.

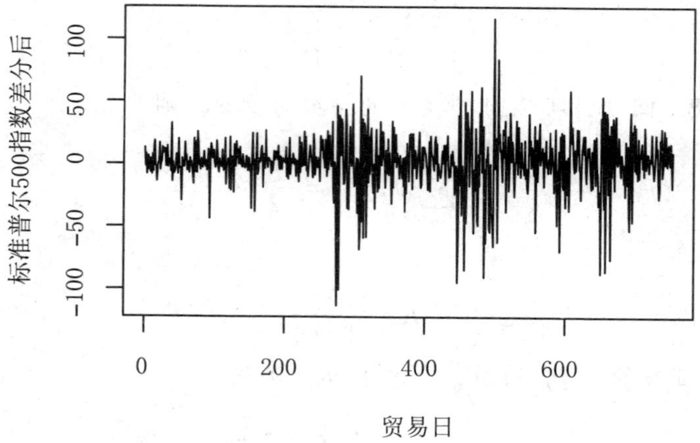

图 2-1 差分后的标准普尔 500 指数走势图

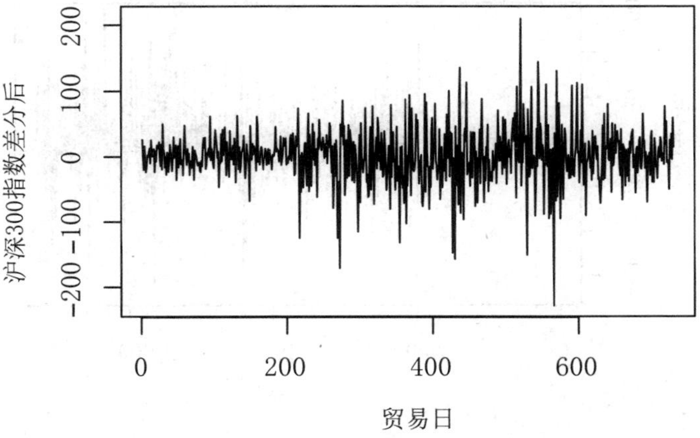

图 2-2　差分后的沪深 300 指数走势图

除了对两大指数进行差分以外, 我们也选取若干具有代表性的个股来体现这一特点. 对 A 股我们选取贵州茅台、中国石油和工商银行三只股票, 绘制其走势图和差分后的走势图. 图 2-3 ～ 图 2-8 显示这三只 A 股中的典型股票的价格走势明显具有非平稳的特征, 但其差分后得到的时间序列很接近于平稳时间序列.

我们同样也选取美股中微软、苹果和亚马逊这三只股票, 绘制其走势图和差分后的走势图. 图 2-9 ～ 图 2-14 显示这三只美股中的典型股票的价格走势明显具有非平稳的特征, 但其差分后得到的时间序列则很接近于平稳时间序列.

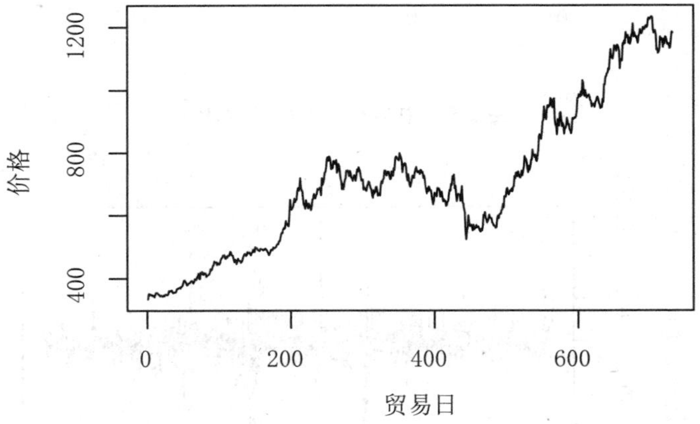

图 2-3　贵州茅台价格走势图

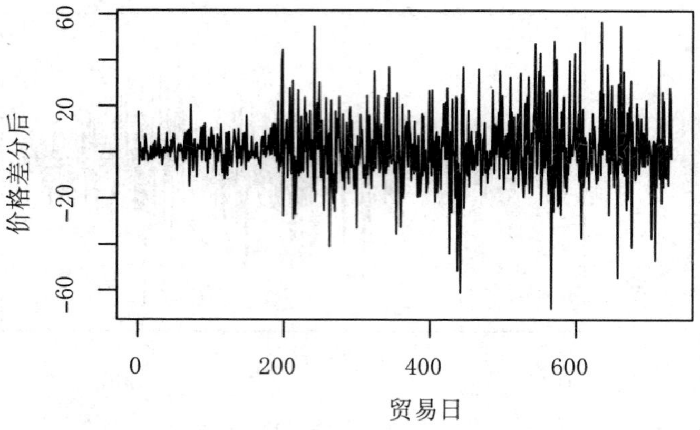

图 2-4 差分后的贵州茅台价格走势图

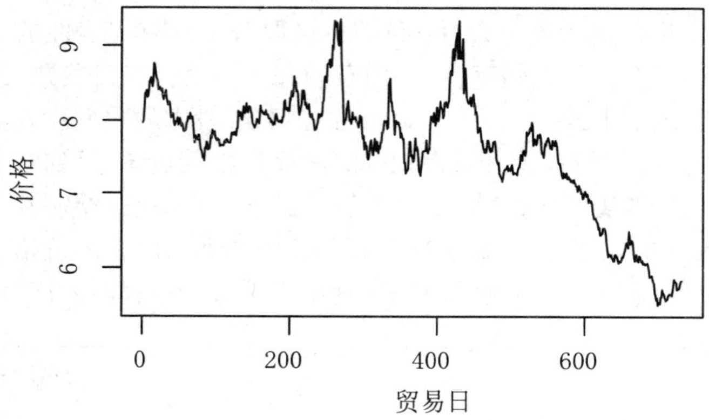

图 2-5 中国石油价格走势图

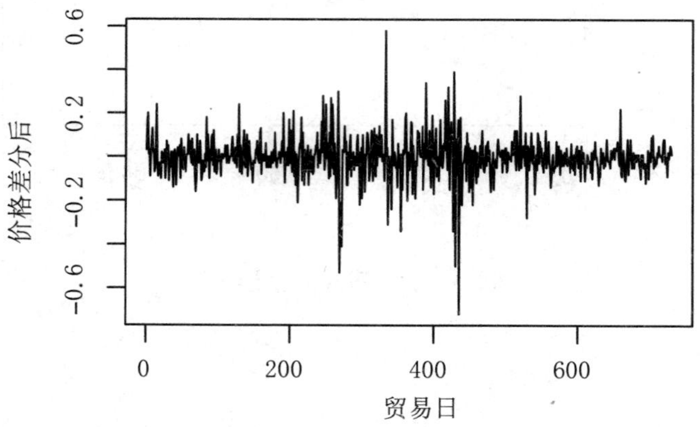

图 2-6 差分后的中国石油价格走势图

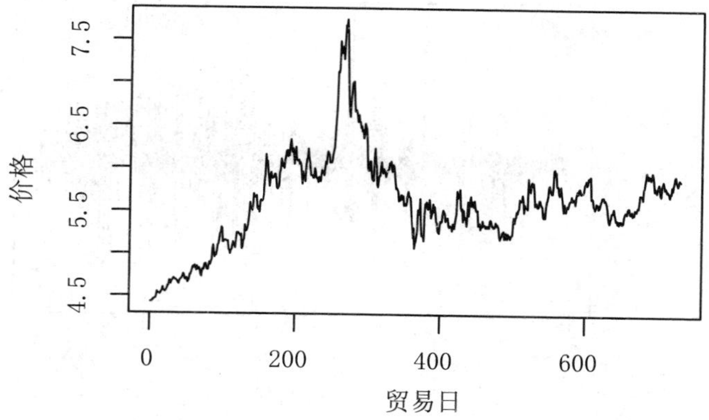

图 2-7　工商银行价格走势图

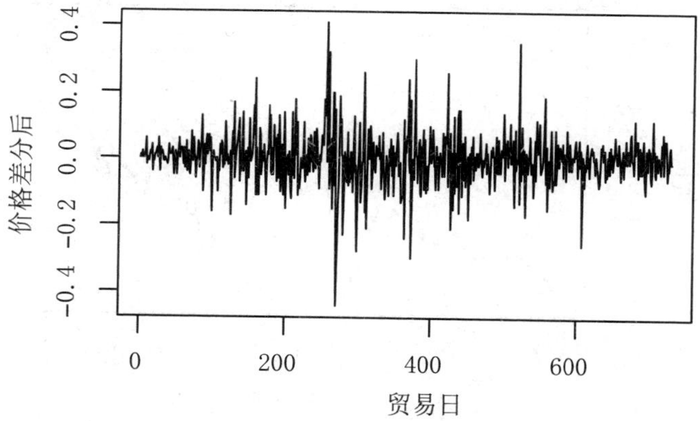

图 2-8　差分后的工商银行价格走势图

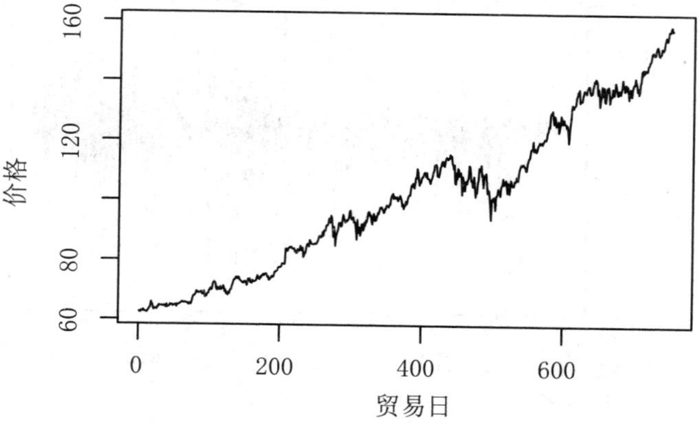

图 2-9　微软价格走势图

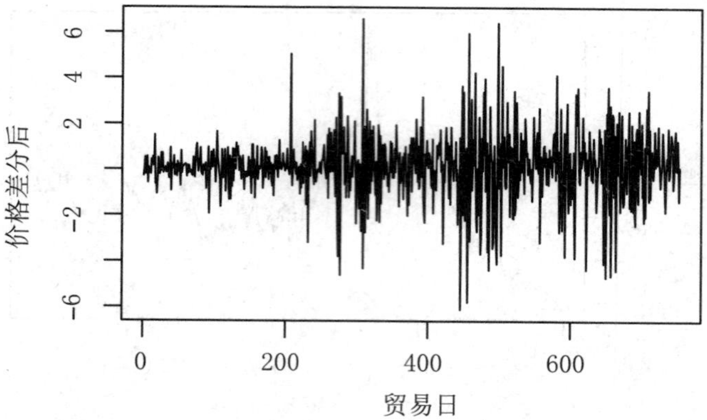

图 2-10　差分后的微软价格走势图

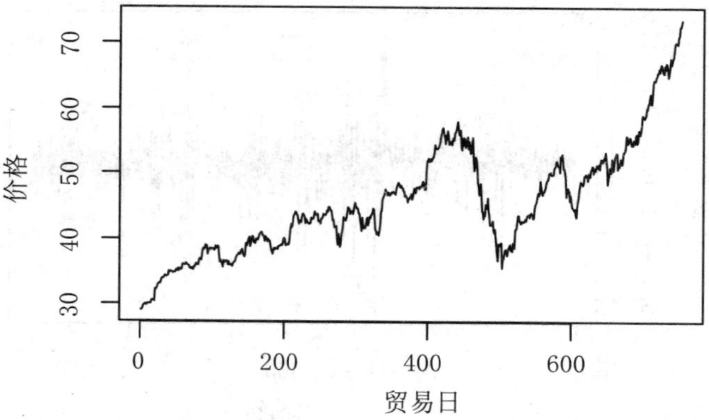

图 2-11　苹果价格走势图

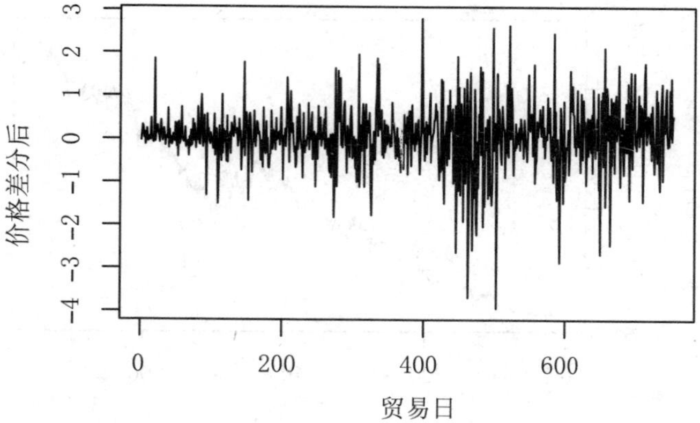

图 2-12　差分后的苹果价格走势图

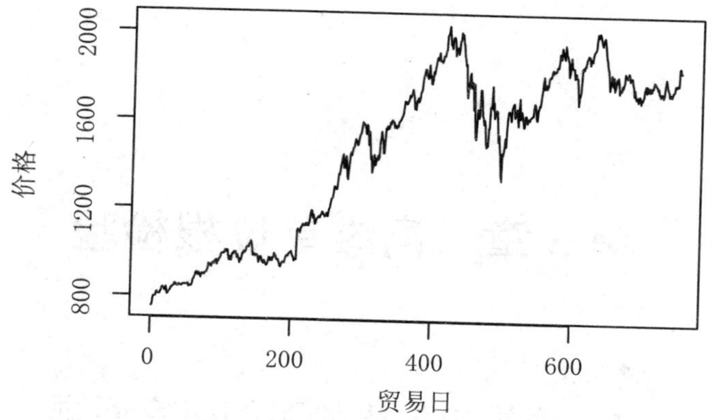

图 2-13　亚马逊价格走势图

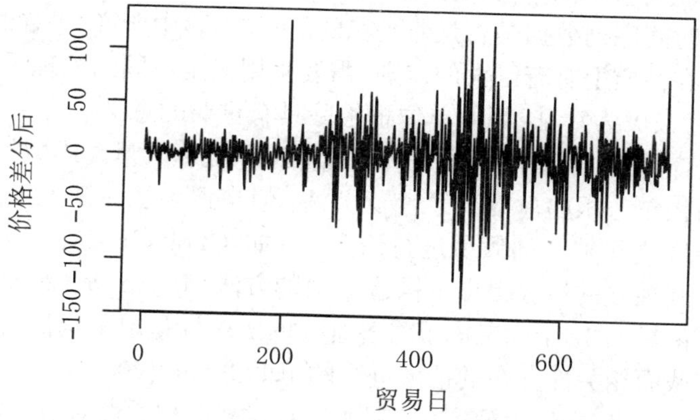

图 2-14　差分后的亚马逊价格走势图

第 3 章　高维单位根检验

3.1　面板单位根检验的研究回顾

本章将把此前获得的中心极限定理用于高维面板单位根检验中. 单位根检验的目的是检查时间序列数据是否是非平稳的. 正如引言中所说, 平稳时间序列和非平稳时间序列在性质上有着巨大的差别, 需要采用完全不同的处理手段. 而在真实数据中, 非平稳又极为常见, 因此单位根检验具有重要的意义.

近年来随着信息技术的发展, 人们可以储存和处理大量高维数据. 因此, 在高维情形下的面板单位根检验受到了广泛关注, 但也遇到了一定的困难. 大量的研究者基于各维度之间独立的假设进行研究, 例如 Choi (2001)、Maddala 和 Wu (1999) 基于相互独立的检验提出了构造 p 值的方法. Levin 等 (2002) 提出了混合 t 检验方法. Im 等 (2003) 则考虑了将各维度的 t 统计量取平均值. 同时也有一些研究是针对横截面相关性存在的情形进行的, 如 Chang (2004)、Pesaran (2007) 和 Pesaran 等 (2013). 但在以上研究中, 需要先对横截面相关性对应的协方差矩阵进行估计. 然而当时间序列的维数变大时, 随机矩阵和高维统计理论显示: 如果不对协方差矩阵施加额外的结构性假设, 将无法获得协方差矩阵的相合估计. 而额外的结构性假设一方面缩小了方法的适用范围, 另一方面也增加了模型错用的风险. 因此有必要提出全新的高维面板单位根检验方法.

本章将基于前一章获得的中心极限定理, 针对高维面板单位根检验问题提出全新的检验统计量. 这一检验统计量无需对协方差矩阵进行估计, 从而回避了协方差矩阵无法获得相合估计的问题.

3.2　基于最大特征根的单位根检验统计量

我们考虑以下模型:

$$\boldsymbol{x}_t = (\boldsymbol{I} - \boldsymbol{\Pi})\phi + \boldsymbol{\Pi} x_{t-1} + \boldsymbol{\Sigma}^{1/2}\boldsymbol{y}_t, \quad 1 \leqslant t \leqslant T \tag{3.1}$$

其中 ϕ 是一个 p 维向量. 原假设 H_0 是 $\boldsymbol{\Pi}=\boldsymbol{I}$, 而对立假设 H_1 则是 $\|\boldsymbol{\Pi}\|_2<1$.

定理 2.2 显示, 在原假设 H_0 : $\boldsymbol{\Pi}=\boldsymbol{I}$ 成立时, 随机变量 $L_p=\dfrac{\sqrt{p}\left(\rho_1-\gamma_1\dfrac{\operatorname{tr}(\boldsymbol{\Sigma})}{p}\right)}{\gamma_1\sqrt{2\theta}}$ 弱收敛于标准正态分布. 一个直观的思路是基于这一极限分布检验原假设 H_0 : $\boldsymbol{\Pi}=\boldsymbol{I}$ 是否成立. 然而值得注意的是, $\gamma_1\dfrac{\operatorname{tr}(\boldsymbol{\Sigma})}{p}$ 和 $\gamma_1\sqrt{2\theta}$ 在实际问题中都是未知, 因此 $L_p=\dfrac{\sqrt{p}\left(\rho_1-\gamma_1\dfrac{\operatorname{tr}(\boldsymbol{\Sigma})}{p}\right)}{\gamma_1\sqrt{2\theta}}$ 并不能直接作为一个检验统计量进行假设检验. 一个合理的想法是提出 $L_p=\dfrac{\sqrt{p}\left(\rho_1-\gamma_1\dfrac{\operatorname{tr}(\boldsymbol{\Sigma})}{p}\right)}{\gamma_1\sqrt{2\theta}}$ 中未知部分的相合估计进而构造检验统计量. 我们需要强调的是 γ_1, $\dfrac{\operatorname{tr}(\boldsymbol{\Sigma})}{p}$ 和 θ 是难以被单独的估计的. 然而我们可以得到整体的估计. 具体来说, 我们可以提出 $\dfrac{\gamma_1}{\lambda_1}\dfrac{\operatorname{tr}(\boldsymbol{\Sigma})}{p}$ 的相合估计如下:

当 $1\leqslant f,g\leqslant T$ 时, 定义 $\breve{\boldsymbol{x}}_{f,g}=(\boldsymbol{x_f}-\boldsymbol{x_{f-1}})'(\boldsymbol{x_g}-\boldsymbol{x_{g-1}})$. 通过一个简单而直接的计算可以发现 $E\breve{\boldsymbol{x}}_{f,g}=a_{|f-g|}\operatorname{tr}(\boldsymbol{\Sigma})$. 进一步, 当一个适当的 m_1 被选取时, $\sum\limits_{j=1}^{m_1}a_j(-1)^j\cos(j\theta_1)$ 可以被 $\sum\limits_{j=1}^{m_1}a_j$ 逼近. 基于此, 我们提出了 $\dfrac{\gamma_1}{\lambda_1}\dfrac{\operatorname{tr}(\boldsymbol{\Sigma})}{p}$ 的估计量为

$$\mu_{m_1}=\sum_{i=2}^{T}\frac{\breve{\boldsymbol{x}}_{i,i}}{p(T-1)}+2\sum_{j=1}^{m_1}\sum_{i=2}^{T-j}\frac{\breve{\boldsymbol{x}}_{i,i+j}}{p(T-j-1)}\tag{3.2}$$

接下来考虑 $\gamma_1\sqrt{2\dfrac{\operatorname{tr}(\boldsymbol{\Sigma}^2)}{p}}$ 的估计量. 基本策略是: 先寻找 $\gamma_1\sqrt{2\dfrac{\operatorname{tr}(\boldsymbol{\Sigma}^2)}{p}}$ 和 $\gamma_1\dfrac{\operatorname{tr}(\boldsymbol{\Sigma})}{p}$ 之间比值的一个估计量, 再基于此构造 $\gamma_1\sqrt{2\dfrac{\operatorname{tr}(\boldsymbol{\Sigma}^2)}{p}}$ 的估计量. 为了达到这一目的, 我们首先估计 $a_0^2\operatorname{tr}(\boldsymbol{\Sigma}^2)$. 我们可以验证以下事实: $\operatorname{var}(\breve{\boldsymbol{x}}_{f,g})=(a_{|f-g|}^2+a_0^2)\operatorname{tr}(\boldsymbol{\Sigma}^2)$. 值得注意的是, 假设 A1 显示 $a_{|f-g|}=o(|f-g|)$, 因此当 $|f-g|$ 足够大时, $\operatorname{var}(\breve{\boldsymbol{x}}_{f,g})$ 中与 $a_{|f-g|}$ 相关的部分是可以忽略的. 因此, 我们可以提出 $a_0^2\operatorname{tr}(\boldsymbol{\Sigma}^2)$ 的估计量如下:

$$S_{\sigma^2,0}=\frac{\sum\limits_{f=2}^{[T/2]}\sum\limits_{g=f+[T/2]}^{T}\breve{\boldsymbol{x}}_{f,g}^2}{(T-\frac{3}{2}[T/2])([T/2]-1)}\tag{3.3}$$

更进一步地, 我们可以发现:

$$\frac{\sqrt{\dfrac{S_{\sigma^2,0}}{p}}}{\sum_{i=2}^{T}\dfrac{\breve{\boldsymbol{x}}_{i,i}}{p(T-1)}}-\frac{\sqrt{\dfrac{\operatorname{tr}(\boldsymbol{\Sigma}^2)}{p}}}{\dfrac{\operatorname{tr}(\boldsymbol{\Sigma})}{p}}\xrightarrow{i.p.}0$$

因此我们可以构造 $\dfrac{\gamma_1}{\lambda_1}\sqrt{2\dfrac{\operatorname{tr}(\boldsymbol{\Sigma}^2)}{p}}$ 的估计量如下:

$$S_{\sigma^2,m_2}=\frac{|\mu_{m_2}|\sqrt{2\dfrac{S_{\sigma^2,0}}{p}}}{\sum_{i=2}^{T}\dfrac{\breve{\boldsymbol{x}}_{i,i}}{p(T-1)}}$$

其中 m_2 将在下文中给出.

同样地, 我们注意到 $\gamma_1/\lambda_1=\bar{\gamma}_1/\bar{\lambda}_1$, 因此以上构造的统计量也可与上一章中心化的结果相结合构造出全新的统计量. 我们得到了两个检验统计量 T_N 和 $\bar{T}_N$ 如下:

$$T_N=\sqrt{p}\frac{\rho_1-\lambda_1\mu_{m_1}}{\lambda_1 S_{\sigma^2,m_2}} \tag{3.4}$$

$$\bar{T}_N=\sqrt{p}\frac{\bar{\rho}_1-\bar{\lambda}_1\mu_{m_1}}{\bar{\lambda}_1 S_{\sigma^2,m_2}} \tag{3.5}$$

其中 λ_1 和 $\bar{\lambda}_1$ 分别在式 (2.5) 和式 (2.14) 中给出了相应的定义. 接下来, 本书将给出两个检验统计量在原假设 H_0: $\boldsymbol{\Pi}=\boldsymbol{I}$ 成立时的极限性质.

定理 3.1 令假设 A1~A5 成立, $m_1=[\sqrt{p}]$ 和 m_2 趋于无穷. 当原假设 H_0: $\boldsymbol{\Pi}=\boldsymbol{I}$ 成立时, 我们有

$$\bar{T}_N\xrightarrow{d}N(0,1) \tag{3.6}$$

其中 $\xrightarrow{d}$ 表示依概率收敛.

进一步地, 如果假设 A7 也成立, 在原假设 H_0: $\boldsymbol{\Pi}=\boldsymbol{I}$ 成立时, 我们有

$$T_N\xrightarrow{d}N(0,1) \tag{3.7}$$

评论 3.1 关于 m_1 和 m_2 可以被进一步放宽. 例如, 如果存在一个正整数 s 使得式 (2.1) 中的 $b_i=0$ 对任意 $i>s$ 成立, 我们会发现式 (2.7) 中的 $a_i=0$ 对任意 $i>s$ 成立. 因此在这种情况下我们可以选取 $m_1=m_2=\min\{s,[\sqrt{p}]\}$. 这一点在实际应用中可以大大地简化统计量的构造.

接下来, 本书将研究 T_N 和 $\bar{T}_N$ 在式 (2.1) 中的 $\{Y_{tj}\}$ 是独立同分布情形下的功效.

定理 3.2　令假设 A1~A5 成立，同时 $b_i = 0$ 对任意 $i \geqslant 1$ 成立．考虑对立假设 H_1：$\boldsymbol{\Pi} = \varphi \boldsymbol{I}$（当 $0 \leqslant \varphi < 1$ 时），则在 $m_1 = m_2 = 0$ 时，我们有

$$\lim_{T \to \infty} P\left(\bar{T}_N > C_0 | H_1\right) = 1 \tag{3.8}$$

若 $C_0 > \ell_\alpha$ 成立，其中 ℓ_α 是标准正态分布的 α 临界值．

进一步地，如果 $\|\phi\|_2^2 = O(p)$，则

$$\lim_{T \to \infty} P\left(T_N > C_0 | H_1\right) = 1 \tag{3.9}$$

评论 3.2　尽管当 P 和 T 足够大时，$\bar{T}_N$ 和 T_N 可能有相同的渐近性质，小样本情形下它们可能会有一定差别．事实上，当原假设 H_0 成立时，x_0 会影响 $\boldsymbol{B}$ 的最大特征根但不会影响 $\bar{\boldsymbol{B}}$ 的最大特征根．因此 x_0 可能会在小样本情形下影响 T_N 的表现但不会影响 $\bar{T}_N$．在对立假设 H_1 下，ϕ 会影响 $\boldsymbol{B}$ 的最大特征根但不会影响 $\bar{\boldsymbol{B}}$ 的最大特征根．因此，ϕ 可能在小样本情形下影响 T_N 的功效，但不会影响 $\bar{T}_N$ 的功效．从这两方面来看，$\bar{T}_N$ 似乎比 T_N 更适用于假设检验特别是 ϕ 或 $\boldsymbol{x}_0$ 未知的时候．但当我们已知 $\phi = 0$ 和 $\boldsymbol{x}_0 = 0$ 时，$\gamma_1 \approx 4\bar{\gamma}_1$ 使得小样本情形下 T_N 的功效函数会比 $\bar{T}_N$ 更大．

评论 3.3　如上一节所说，一些著名的面板单位根检验方法，如 Choi (2001)，Levin 等 (2002)，考虑的是 $\boldsymbol{\Pi} = \mathrm{diag}(\varphi_1, \cdots, \varphi_p)$ 的情形．他们用 φ_i 的估计量来检验 $\boldsymbol{\Pi} = \boldsymbol{I}$ 是否成立．而当横截面相关性存在时，人们不得不去估计对应的协方差矩阵 Σ 进而对 $\boldsymbol{\Pi} = \boldsymbol{I}$ 进行检验．因此这样的方法只适用于有限维或具有特殊结构的情形．相比之下，我们的检验方法充分利用了最大特征根的性质，进而无需估计协方差矩阵 Σ 也无需附加额外的结构性假设．

证明　[定理 3.1 的证明]

首先证明估计量 μ_{m_1} 的误差是 $o(p^{-1/2})$．令 $m_1 = [\sqrt{p}]$，从式 (2.5) 和式 (2.53) 可以得到

$$\begin{aligned}&\left|\left[a_0 + 2\sum_{1 \leqslant j \leqslant m_1} a_j (-1)^j \cos(j\theta_1)\right] - \left[a_0 + 2\sum_{1 \leqslant j \leqslant \infty} a_j (-1)^j \cos(j\theta_1)\right]\right| \\ &\quad \leqslant 2 \sum_{1+m_1 \leqslant j \leqslant \infty} |a_j| = o(p^{-1/2})\end{aligned} \tag{3.10}$$

以及

$$\begin{aligned}&\left|\left[a_0 + 2\sum_{1 \leqslant j \leqslant m_1} a_j (-1)^j \cos(j\theta_1) - \left(a_0 + 2\sum_{1 \leqslant j \leqslant m_1} a_j\right)\right]\right| \\ &\quad \leqslant 2 \sum_{1 \leqslant j \leqslant m_1} |a_j| \left(1 - \cos\frac{j\pi}{2T+1}\right) = O(p^{1/2}T^{-2}) = o(p^{-1/2})\end{aligned} \tag{3.11}$$

根据式 (2.6), 我们只需要证明

$$\left|\mu_{m_1} - \left(a_0 + 2\sum_{1\leqslant j\leqslant m_1} a_j\right)\frac{\mathrm{tr}(\boldsymbol{\Sigma})}{p}\right| = o_p(p^{-1/2}) \tag{3.12}$$

针对 μ_{m_1} 的期望和方差, 我们可以得出以下计算结果:

$$E\mu_{m_1} - \left(a_0 + 2\sum_{1\leqslant j\leqslant m_1} a_j\right)\frac{\mathrm{tr}(\boldsymbol{\Sigma})}{p} = 0$$

$$\begin{aligned}
&\mathrm{var}\left(\sum_{1\leqslant j\leqslant m_1}\frac{1}{T-j-1}\sum_{2\leqslant i\leqslant T-j}\frac{\boldsymbol{y}_{\boldsymbol{i}}'\Sigma y_{i+j}}{p}\right)\\
&= \sum_{1\leqslant i,j\leqslant m_1}\sum_{2\leqslant f\leqslant T-i}\sum_{2\leqslant g\leqslant T-j}\frac{\mathrm{cov}\left(\frac{\boldsymbol{y}_{\boldsymbol{f}}'\Sigma y_{f+i}}{p}, \frac{\boldsymbol{y}_{\boldsymbol{g}}'\Sigma y_{g+j}}{p}\right)}{(T-i-1)(T-j-1)}
\end{aligned} \tag{3.13}$$

进一步地, 可以推导出

$$\begin{aligned}
&\mathrm{cov}\left(\frac{\boldsymbol{y}_{\boldsymbol{f}}'\Sigma y_{f+i}}{p}, \frac{\boldsymbol{y}_{\boldsymbol{g}}'\Sigma y_{g+j}}{p}\right)\\
&= \frac{1}{p}\left[\frac{\sum\limits_{i=1}^{p}\Sigma_{ii}^2}{p}E|Z_{ij}|^4\sum_{k=0}^{\infty} b_k b_{k+i} b_{k+g-f} b_{k+g-f+j} 1_{(k+g-f\geqslant 0)}\right.\\
&\quad \left. + \frac{\mathrm{tr}(\boldsymbol{\Sigma}^2)}{p}E|Z_{ij}|^2(a_{|f-g|}a_{|f+i-g-j|} + a_{|f+i-g|}a_{|f-g-j|})\right]
\end{aligned}$$

根据以上结果, 结合假设 A1 和式 (2.53), 我们可以推导出

$$\mathrm{var}\,(\mu_{m_1}) = O(p^{-1}m_1T^{-1}) = o(p^{-1}) \tag{3.14}$$

式 (3.13) 和式 (3.14) 说明了式 (3.12) 成立.

接下来我们将证明

$$\frac{\sqrt{\frac{|S_{\sigma^2,0,0}|}{p}}}{\sum\limits_{i=2}^{T}\frac{\breve{\boldsymbol{x}}_{i,i}}{p(T-1)}} - \frac{\sqrt{\frac{\mathrm{tr}(\boldsymbol{\Sigma}^2)}{p}}}{\frac{\mathrm{tr}(\boldsymbol{\Sigma})}{p}} \xrightarrow{i.p.} 0$$

令 $\tilde{S}_{\sigma^2,0,0} = S_{\sigma^2,0,0} - a_0^2\mathrm{tr}(\boldsymbol{\Sigma}^2)$. 我们只需要证明

$$\frac{\tilde{S}_{\sigma^2,0,0}}{a_0^2\mathrm{tr}(\boldsymbol{\Sigma}^2)} = o_p(1)$$

根据假设 A2 和 A3, 可得到充分大的 T, 则

$$a_0^2\mathrm{tr}\left(\boldsymbol{\Sigma}^2\right) \geqslant a_0^2 M_1^2 p \tag{3.15}$$

这里我们利用了 $\mathrm{tr}\left(\boldsymbol{\Sigma}^2\right) \geqslant \dfrac{(\mathrm{tr}\boldsymbol{\Sigma})^2}{p}$ 这一事实. 当 T 足够大时, 则有

$$\left(T - \frac{3}{2}[T/2]\right)([T/2]-1) \geqslant \frac{T^2}{9} \tag{3.16}$$

接下来我们将 $\tilde{\boldsymbol{S}}_{\sigma^2,0,0}$ 基于 $\boldsymbol{Z}_{ij}$ 进行展开并将它写成两部分之和, 其中一部分包含了 $\boldsymbol{Z}_{ij}$ 的高阶项, 另一部分包含了 $\boldsymbol{Z}_{ij}$ 的低阶项. 具体而言, 即 $\tilde{\boldsymbol{S}}_{\sigma^2,0,0} = \tilde{\boldsymbol{S}}_{\sigma^2,0,0,h} + \tilde{\boldsymbol{S}}_{\sigma^2,0,0,l}$, 其中

$$\begin{aligned}
\tilde{S}_{\sigma^2,0,0,h} = {} & \frac{1}{(T-\frac{3}{2}[T/2])([T/2]-1)} \sum_{f=2}^{[T/2]} \sum_{g=f+[T/2]}^{T} \Bigg[\sum_{i_1,i_2=1}^{p} \Sigma_{i_1 i_1} \Sigma_{i_1 i_2} \\
& \sum_{s_1,s_2=-\infty}^{T} Z_{s_1 i_1}^3 Z_{s_2 i_2} (b_{f-s_1} b_{g-s_1} b_{f+i-s_1} b_{g+j-s_2} \\
& + b_{f-s_1} b_{g-s_1} b_{f+i-s_2} b_{g+j-s_1} + b_{f-s_1} b_{g-s_2} b_{f+i-s_2} b_{g+j-s_1} \\
& + b_{f-s_2} b_{g-s_1} b_{f+i-s_1} b_{g+j-s_1}) - 3 \sum_{i_1=1}^{p} \Sigma_{i_1 i_1}^2 \\
& \sum_{s_1=-\infty}^{T} Z_{s_1 i_1}^4 b_{f-s_1} b_{g-s_1} b_{f+i-s_1} b_{g+j-s_1} \Bigg]
\end{aligned} \tag{3.17}$$

注意:当 $k<0$ 时, $b_k=0$. 从假设 A1 中我们可以得出

$$E|\tilde{S}_{\sigma^2,0,0,h}| = o(p^2 T^{-2}) \tag{3.18}$$

式 (3.15) 和式 (3.18) 显示

$$\frac{E|\tilde{S}_{\sigma^2,0,0,h}|}{a_0^2\mathrm{tr}(\boldsymbol{\Sigma}^2)} = o(pT^{-2}) = o(1) \tag{3.19}$$

进而可得

$$\begin{aligned}
& (T-\frac{3}{2}[T/2])([T/2]-1)\boldsymbol{E}\tilde{\boldsymbol{S}}_{\sigma^2,0,0,l} \\
& = \sum_{f=2}^{[T/2]} \sum_{g=f+[T/2]}^{T} \left\{ a_{g-f} a_{g-f} \mathrm{tr}(\boldsymbol{\Sigma}^2) + a_{g-f} a_{g-f} \left[\mathrm{tr}(\boldsymbol{\Sigma})\right]^2 \right\} \\
& = o(p^2 T^{-1})
\end{aligned} \tag{3.20}$$

综上, 并结合式 (3.15)、式 (3.16), 可以得出

$$\frac{\boldsymbol{E}\tilde{\boldsymbol{S}}_{\sigma^2,0,0,l}}{a_0^2\mathrm{tr}(\boldsymbol{\Sigma}^2)} = o(pT^{-3}) = o(1) \tag{3.21}$$

根据式 (3.15)、式 (3.16) 以及假设 A1, 可以得出

$$\operatorname{var}\left(\frac{\tilde{\boldsymbol{S}}_{\sigma^2,0,0,l}}{a_0^2\operatorname{tr}(\boldsymbol{\Sigma}^2)}\right)=o(pT^{-2}+p^{-1})=o(1) \tag{3.22}$$

结合式 (3.19) 和式 (3.21), 可以说明

$$\frac{\tilde{S}_{\sigma^2,0,0}}{a_0^2\operatorname{tr}(\boldsymbol{\Sigma}^2)}=o_p(1)$$

结合式 (3.10) ~ 式 (3.12) 可以说明: 当 $\boldsymbol{m}_2$ 趋于无穷时,

$$S_{\sigma^2,\boldsymbol{m}_2}-\frac{a_0\sqrt{2\operatorname{tr}(\boldsymbol{\Sigma}^2)}}{\sqrt{p}}\xrightarrow{\text{i.p.}}0$$

因此, 通过上述所需的估计量, 并结合定理 2.2 和定理 2.4, 可以完成上述证明.

证明 [定理 3.2 的证明]

$$\sum_{i=2}^{T}\frac{\breve{\boldsymbol{x}}_{i,i}}{p(T-1)}-\frac{2a_0\operatorname{tr}(\boldsymbol{\Sigma})}{p(1+\varphi)}\xrightarrow{\text{i.p.}}0 \tag{3.23}$$

$$\boldsymbol{S}_{\sigma^2,0}-\frac{2a_0\sqrt{2\operatorname{tr}(\boldsymbol{\Sigma}^2)}}{\sqrt{p}(1+\varphi)}\xrightarrow{\text{i.p.}}0 \tag{3.24}$$

由于式 (3.23) 和式 (3.24) 的证明与定理 3.1类似, 我们只需要将 $\boldsymbol{m}_1$ 和 $\boldsymbol{m}_2$ 替换为 0 即可. 进一步地, 根据定理 2.3, 可以有 $\bar{\rho}_1=O_p(T)$. 由此可以得出

$$\bar{T}_N+\sqrt{\frac{p}{2}}\frac{\frac{\operatorname{tr}(\boldsymbol{\Sigma})}{p}}{\sqrt{\frac{\operatorname{tr}(\boldsymbol{\Sigma}^2)}{p}}}\xrightarrow{\text{i.p.}}0 \tag{3.25}$$

进而证明了式 (3.8).

当 $\|\phi\|_2=O(p)$ 时, 根据定理 2.1, 可知 $\rho_1=O_p(T)$. 这些和式 (3.23)、式 (3.24) 推导出

$$T_N+\sqrt{\frac{p}{2}}\frac{\frac{\operatorname{tr}(\boldsymbol{\Sigma})}{p}}{\sqrt{\frac{\operatorname{tr}(\boldsymbol{\Sigma}^2)}{p}}}\xrightarrow{\text{i.p.}}0 \tag{3.26}$$

进而证明了式 (3.9).

3.3 计算机模拟表现

本节将构造一些计算机模拟来显示 T_N 和 $\bar{T}_N$ 的表现.

3.3.1 $\boldsymbol{m}_1$ 和 $\boldsymbol{m}_2$ 的选取

回顾评论 3.1, 下面将推导出一套选取 $\boldsymbol{m}_1$ 和 $\boldsymbol{m}_2$ 的合适方法.

$$\zeta_j=\frac{\sum\limits_{i=2}^{T-j}\frac{\breve{\boldsymbol{x}}_{i,i+j}}{p(T-j-1)}}{\sum\limits_{i=2}^{T}\frac{\breve{\boldsymbol{x}}_{i,i}}{p(T-1)}}\xrightarrow{\text{i.p.}}\frac{a_j}{a_0}$$

上式有着 $\frac{1}{\sqrt{pT}}$ 的收敛速度. 特别是如果 $a_j=0$, 则 $\zeta_j=O(\frac{1}{\sqrt{pT}})$. 如果存在一个正整数 s 使得对任意的 $i>s$, 式 (2.1) 中的 $b_i=0$ 都成立, 我们会发现对任意的 $i>s$, 式 (2.7) 中的 $a_i=0$ 都成立. 这样的事实为我们提供了选取 $\boldsymbol{m}_1=\boldsymbol{m}_2=\min\{s,[\sqrt{p}]\}$ 的方法. 实践中我们可以通过对比 ζ_j 和 $p^{-1/2}T^{-1/4}$ 的大小关系来判断 $a_j=0$ 是否成立. 这里 $p^{-1/2}T^{-1/4}$ 被用作一个替代 $\frac{1}{\sqrt{pT}}$ 的界, 因为 μ_{m_1} 收敛到 $\frac{\gamma_1}{\lambda_1}\frac{\operatorname{tr}(\boldsymbol{\Sigma})}{p}$ 的速度需要限制在 $o(p^{-1/2})$. 基于此, 我们提出了以下选取 m_1 和 m_2 的方法:

$$\hat{\boldsymbol{m}}_1=\hat{\boldsymbol{m}}_2=\min\{\{0\leqslant i<[\sqrt{p}]:|\zeta_j|<p^{-1/2}T^{-1/4},i<j<[\sqrt{p}]\}\cup\{[\sqrt{p}]\}\}\tag{3.27}$$

注意 $\hat{\boldsymbol{m}}_1$ 和 $\hat{\boldsymbol{m}}_2$ 在 p 和 T 足够大时表现得很好. 当 p 和 T 较小时, $\hat{\boldsymbol{m}}_1$ 和 $\hat{\boldsymbol{m}}_2$ 可能被 $\frac{a_j}{a_0}$ 影响. 如果 $a_j\neq 0$ 但是 $\frac{a_j}{a_0}$ 很小, $\hat{\boldsymbol{m}}_1$ 和 $\hat{\boldsymbol{m}}_2$ 可能在 p 和 T 较小时表现不佳.

3.3.2 参数自助法

我们为检验两个统计量 T_N 和 $\bar{T}_N$, 需考虑参数自助法来获取临界值. 令

$$\dot{\boldsymbol{\Sigma}}=\frac{1}{T}\sum_{t=1}^{T}(x_t-x_{t-1})(x_t-x_{t-1})'$$

如果存在一个常数 $\dot{C}>0$, 使得 $\frac{p}{T}\leqslant\dot{C}$, 那么我们发现 $\|\dot{\boldsymbol{\Sigma}}\|_2=O_p(1)$ 和 $\frac{\operatorname{tr}(\dot{\boldsymbol{\Sigma}})}{p}=\dot{M}_1+O_p(\frac{1}{\sqrt{p}})$ 其中, $\dot{M}_1>0$, 因此我们很容易发现假设 A3 对 $\dot{\boldsymbol{\Sigma}}$ 成立. 我们产生新的样本:

$$\dot{\boldsymbol{x}}_{\boldsymbol{t}}=\dot{\boldsymbol{x}}_{t-1}+\dot{\boldsymbol{\Sigma}}^{1/2}\dot{\boldsymbol{y}}_{\boldsymbol{t}}$$

其中 $\dot{\boldsymbol{y}}_{\boldsymbol{t}}$ 是来自 $N(0,\boldsymbol{I}_{\boldsymbol{p}})$ 的 p 维随机向量且 $\dot{\boldsymbol{y}}_{\boldsymbol{t}}$ 关于 t 独立. 注意假设 A1 ~A7 对 $\dot{\boldsymbol{x}}_t$ 依然成立. 令 $\dot{\boldsymbol{X}}=(\dot{\boldsymbol{x}}_{\boldsymbol{1}},\cdots,\dot{\boldsymbol{x}}_{\boldsymbol{T}})'$, 我们基于 $\dot{\boldsymbol{X}}$ 定义 $\dot{T}_N$ 和 $\dot{\bar{T}}_N$, 就像 T_N 和 $\bar{T}_N$ 一样. 根据定理 3.1, $\dot{T}_N\xrightarrow{d}N(0,1)$ 以及 $\dot{\bar{T}}_N\xrightarrow{d}N(0,1)$. 对任意的 p 和 T , 都

可以重复生成 $\dot{\boldsymbol{x}}_t$ 大量次数 (如 200 次), 以获得 $\dot{T}_N$ 和 $\dot{\bar{T}}_N$ 的经验分布, 进而可以采用经验分布的分位数作为临界值. 当 p 和 T 较小时, 模拟显示采用经验分布的分位数作为临界值比直接使用标准正态分布的分位数表现更好.

3.3.3 与已有方法的比较

如前文所述, 已经有一些著名的面板单位根检验方法. 其中一些方法考虑的是没有横截面相关性的情形, 例如 Im 等 (2003) 提出的 IPS 检验. 如果存在横截面相关性, IPS 检验将会失效. 为了在具有横截面相关性的情况下检验面板数据的非平稳, Chang (2004) 提出了基于估计 $\boldsymbol{\Sigma}$ 的自助法. 该方法在维数固定而时间 T 很大时表现良好. Chang (2004) 也声明当维度较高时, 自助法经典最小二乘 (Bootstrap-OLS) 比自助法广义最小二乘 (Bootstrap-GLS) 表现更好. 更进一步地, 自助法广义最小二乘在 $p \geqslant T$ 时是失效的. 因此, 本书在此将 T_N 与自助法经典最小二乘的 t 统计量 t^*_{ols} 和 F 统计量 F^*_{ols} 进行比较.

本书使用以下的设定: $y_t = z_t$ 以及 $\boldsymbol{\Sigma} = (\Sigma_{i,j}) = \left(0.3^{|i-j|}\right)$. 本节将把显著性水平固定为 0.05, 我们将比较在原假设 H_0 且 $x_0 = 0$ 和 $\phi = 0$ 下 T_N, t^*_{ols} 和 F^*_{ols} 的拒绝率 (empirical size). 表 3-1 展示了 1000 次重复实验, 500 次自助法重复抽取和不同的 p 和 T 下的模拟结果.

表 3-1 显著性水平 0.05 时三种检验的拒绝率

检验	T/p	5	10	20	40	60	80
T_N	40	0.057	0.057	0.041	0.048	0.050	0.040
t^*_{ols}	40	0.045	0.028	0.014	0.000	0.000	0.000
F^*_{ols}	40	0.054	0.044	0.027	0.000	0.003	0.001
T_N	60	0.053	0.050	0.048	0.055	0.048	0.044
t^*_{ols}	60	0.046	0.031	0.016	0.003	0.000	0.000
F^*_{ols}	60	0.044	0.047	0.024	0.007	0.000	0.002
T_N	80	0.053	0.048	0.041	0.052	0.048	0.041
t^*_{ols}	80	0.045	0.033	0.023	0.006	0.000	0.000
F^*_{ols}	80	0.064	0.035	0.027	0.011	0.003	0.000

接下来, 我们将在原假设 H_0 和 $x_0 = 0, \boldsymbol{\Sigma} = (\Sigma_{i,j}) = \left[\dfrac{1}{(i-j)^2+1}\right]$ 下比较 $\bar{T}_N$, t^*_{ols} 和 F^*_{ols} 的拒绝率. ϕ 的每个元素抽样自标准正态分布. 表 3-2 展示了 1000 次重复实验, 500 次自助法重复抽取和不同的 p 和 T 下的模拟结果.

表 3-2 显著性水平 0.05 时三种检验的拒绝率

检验	T/p	5	10	20	40	60	80
$\bar{T}_N$	40	0.070	0.056	0.062	0.052	0.038	0.043
t^*_{ols}	40	0.036	0.013	0.008	0.001	0.000	0.000
F^*_{ols}	40	0.056	0.029	0.014	0.001	0.000	0.000
$\bar{T}_N$	60	0.061	0.060	0.047	0.041	0.045	0.053
t^*_{ols}	60	0.041	0.037	0.011	0.001	0.000	0.000
F^*_{ols}	60	0.052	0.054	0.027	0.002	0.000	0.000
$\bar{T}_N$	80	0.055	0.058	0.053	0.048	0.041	0.048
t^*_{ols}	80	0.041	0.043	0.015	0.006	0.000	0.000
F^*_{ols}	80	0.041	0.045	0.035	0.008	0.000	0.000

3.3.4 MA(1) 模型下 T_N 的模拟结果

接下来, 将考虑如下设定: $\boldsymbol{y_t} = \psi \boldsymbol{z_{t-1}} + \boldsymbol{z_t}$, $\psi = 0.5$ 以及 $\boldsymbol{\Sigma} = (\Sigma_{i,j}) = \left(0.3^{|i-j|}\right)$. 本书希望展示非对称的 $\boldsymbol{\Pi}$ 会有何种表现, 因此, 笔者设计了如下矩阵作为对立假设:

$$(\boldsymbol{\Pi_2})_{ij} = \begin{cases} 0.5 & (i = j) \\ 0.2 & (|i-j| = 1) \\ 0 & (|i-j| \geqslant 2) \end{cases}$$

注意: 设置 $\phi = 0$ 以考察检验统计量 T_N 的表现. 在原假设 H_0 下, 本书设置 $\boldsymbol{x_0} = 0$. 在对立假设 H_1 下, 本书则按照模型 (3.1) 和 $t = -51, -50, \cdots, T$ 来生成数据. 我们首先采用标准正态分布的分位数作为临界值, 探索显著性水平 0.05 下 T_N 的拒绝率. 表 3-3 展示了基于不同的 p 和 T 时, 1000 次模拟实验的结果. 我们同样使用此前提出的参数自助法来选取临界值, 表 3-4 报告了基于 200 次自助法重复的相应结果.

观察表 3-3 和表 3-4 可以发现, 当 T 较小时, 使用标准正态分布分位数作为临界值表现较为不佳, 而参数自助法表现更为出色. 值得注意的是, 参数自助法需要更多的运算时间以获取经验分布, 因此在 T 较大时, 直接采用标准正态分布分位数作为临界值可以节省计算成本.

表 3-3 显著性水平 0.05 时 T_N 的拒绝率

p	T	$\boldsymbol{I}$ (第一类错误)	$0.95\boldsymbol{I}$ (功效)	$0.9\boldsymbol{I}$ (功效)	$\boldsymbol{\Pi}_2$ (功效)
20	20	0.019	0.102	0.216	0.510
20	30	0.037	0.109	0.672	0.830
20	40	0.036	0.346	0.951	0.935
20	60	0.043	0.896	1.000	0.997
20	80	0.039	0.997	1.000	1.000
40	20	0.019	0.102	0.580	0.710
40	30	0.028	0.301	0.964	0.938
40	40	0.031	0.752	0.999	0.974
40	60	0.034	0.997	1.000	0.998
40	80	0.033	1.000	1.000	1.000
60	20	0.021	0.100	0.766	0.876
60	30	0.029	0.421	0.998	0.981
60	40	0.033	0.905	1.000	0.989
60	60	0.045	1.000	1.000	0.998
60	80	0.046	1.000	1.000	1.000
80	20	0.020	0.116	0.870	0.932
80	30	0.029	0.561	1.000	0.996
80	40	0.032	0.966	1.000	0.997
80	60	0.036	1.000	1.000	1.000
80	80	0.034	1.000	1.000	1.000

表 3-4 显著性水平 0.05 时 T_N 的拒绝率

p	T	$\boldsymbol{I}$ (第一类错误)	$0.95\boldsymbol{I}$ (功效)	$0.9\boldsymbol{I}$ (功效)	$\boldsymbol{\Pi}_2$ (功效)
20	20	0.031	0.144	0.636	0.812
20	30	0.063	0.464	0.974	0.936
20	40	0.051	0.818	0.998	0.992
20	60	0.049	0.992	1.000	1.000

续表

p	T	$\boldsymbol{I}$ (第一类错误)	$0.95\boldsymbol{I}$ (功效)	$0.9\boldsymbol{I}$ (功效)	$\boldsymbol{\Pi}_2$ (功效)
20	80	0.082	1.000	1.000	1.000
40	20	0.061	0.140	0.860	0.838
40	30	0.051	0.578	0.990	0.972
40	40	0.041	0.926	1.000	0.990
40	60	0.052	0.998	1.000	1.000
40	80	0.054	1.000	1.000	1.000
60	20	0.055	0.126	0.930	0.932
60	30	0.048	0.676	1.000	0.994
60	40	0.068	0.972	1.000	0.996
60	60	0.053	1.000	1.000	1.000
60	80	0.056	1.000	1.000	1.000
80	20	0.055	0.132	0.950	0.960
80	30	0.047	0.742	1.000	0.994
80	40	0.056	0.984	1.000	0.996
80	60	0.054	1.000	1.000	1.000
80	80	0.057	1.000	1.000	1.000

注:临界值的选取基于参数自助法.

3.3.5　MA(1) 模型下 $\bar{T}_N$ 的模拟结果

沿用上一节的设定, 但从标准正态分布中抽取 ϕ 的每一个元素. 表 3-5 和表 3-6 报告了与表 3-3 和表 3-4 相对应的内容.

表 3-5　显著性水平 0.05 时 $\bar{T}_N$ 的拒绝率

p	T	$\boldsymbol{I}$ (第一类错误)	$0.95\boldsymbol{I}$ (功效)	$0.9\boldsymbol{I}$ (功效)	$\boldsymbol{\Pi}_2$ (功效)
20	20	0.018	0.018	0.013	0.100
20	30	0.042	0.029	0.124	0.213
20	40	0.043	0.071	0.290	0.383
20	60	0.046	0.264	0.746	0.733

续表

p	T	$\boldsymbol{I}$ (第一类错误)	$0.95\boldsymbol{I}$ (功效)	$0.9\boldsymbol{I}$ (功效)	$\boldsymbol{\Pi}_2$ (功效)
20	80	0.055	0.580	0.959	0.907
40	20	0.016	0.034	0.075	0.176
40	30	0.033	0.081	0.290	0.363
40	40	0.034	0.235	0.584	0.572
40	60	0.044	0.708	0.985	0.919
40	80	0.043	0.968	1.000	0.987
60	20	0.014	0.036	0.144	0.254
60	30	0.029	0.202	0.523	0.518
60	40	0.036	0.408	0.823	0.729
60	60	0.039	0.870	0.999	0.936
60	80	0.042	0.993	1.000	0.998
80	20	0.012	0.064	0.191	0.310
80	30	0.032	0.267	0.661	0.644
80	40	0.037	0.532	0.934	0.800
80	60	0.043	0.945	1.000	0.971
80	80	0.039	0.997	1.000	1.000

表 3-6 显著性水平 0.05 时 $\bar{T}_N$ 的拒绝率

p	T	$\boldsymbol{I}$ (第一类错误)	$0.95\boldsymbol{I}$ (功效)	$0.9\boldsymbol{I}$ (功效)	$\boldsymbol{\Pi}_2$ (功效)
20	20	0.034	0.144	0.239	0.326
20	30	0.051	0.310	0.606	0.596
20	40	0.061	0.502	0.837	0.782
20	60	0.067	0.824	0.986	0.971
20	80	0.078	0.946	1.000	0.996
40	20	0.040	0.188	0.352	0.412
40	30	0.049	0.412	0.695	0.660
40	40	0.045	0.604	0.873	0.782
40	60	0.054	0.950	0.999	0.972

续表

p	T	$\boldsymbol{I}$ (第一类错误)	$0.95\boldsymbol{I}$ (功效)	$0.9\boldsymbol{I}$ (功效)	$\boldsymbol{\Pi}_2$ (功效)
40	80	0.053	0.994	1.000	0.998
60	20	0.034	0.232	0.452	0.504
60	30	0.049	0.506	0.807	0.704
60	40	0.047	0.728	0.961	0.850
60	60	0.048	0.980	1.000	0.980
60	80	0.062	1.000	1.000	0.998
80	20	0.033	0.276	0.512	0.534
80	30	0.040	0.548	0.903	0.826
80	40	0.046	0.816	0.986	0.910
80	60	0.052	0.990	1.000	0.986
80	80	0.064	1.000	1.000	0.998

注:临界值的选取基于参数自助法.

接下来, 本书将研究 p 很小时, 两种检验统计量 T_N 和 $\bar{T}_N$ 基于两种临界值方法的表现. 表 3-7 和表 3-8 分别报告了 T_N 和 $\bar{T}_N$ 分别在 $p=5$ 和 $p=10$ 时的表现.

表 3-7　显著性水平 0.05 时 T_N 的拒绝率

p	T	临界值	$\boldsymbol{I}$ (第一类错误)	$0.95\boldsymbol{I}$ (功效)	$0.9\boldsymbol{I}$ (功效)	$\boldsymbol{\Pi}_2$ (功效)
5	20	N(0,1)	0.040	0.056	0.008	0.070
		参数自助法	0.084	0.114	0.308	0.560
5	30	N(0,1)	0.039	0.014	0.010	0.038
		参数自助法	0.077	0.180	0.580	0.762
5	40	N(0,1)	0.051	0.002	0.012	0.030
		参数自助法	0.079	0.262	0.772	0.882
5	60	N(0,1)	0.055	0.000	0.006	0.002
		参数自助法	0.079	0.570	0.938	0.986
5	80	N(0,1)	0.049	0.000	0.002	0.002
		参数自助法	0.076	0.816	0.992	0.992

续表

p	T	临界值	$\boldsymbol{I}$ (第一类错误)	$0.95\boldsymbol{I}$ (功效)	$0.9\boldsymbol{I}$ (功效)	$\boldsymbol{\Pi}_2$ (功效)
10	20	N(0,1)	0.023	0.078	0.048	0.202
		参数自助法	0.085	0.132	0.462	0.664
10	30	N(0,1)	0.031	0.016	0.142	0.330
		参数自助法	0.075	0.240	0.826	0.896
10	40	N(0,1)	0.039	0.042	0.322	0.416
		参数自助法	0.077	0.580	0.972	0.966
10	60	N(0,1)	0.037	0.126	0.558	0.502
		参数自助法	0.069	0.894	1.000	0.998
10	80	N(0,1)	0.049	0.246	0.678	0.598
		参数自助法	0.064	0.982	1.000	1.000

表 3-8 显著性水平 0.05 时 $\bar{T}_N$ 的拒绝率

p	T	临界值	$\boldsymbol{I}$ (第一类错误)	$0.95\boldsymbol{I}$ (功效)	$0.9\boldsymbol{I}$ (功效)	$\boldsymbol{\Pi}_2$ (功效)
5	20	N(0,1)	0.031	0.014	0.008	0.024
		参数自助法	0.046	0.086	0.155	0.238
5	30	N(0,1)	0.039	0.002	0.002	0.006
		参数自助法	0.066	0.132	0.284	0.422
5	40	N(0,1)	0.051	0.000	0.000	0.002
		参数自助法	0.071	0.170	0.417	0.518
5	60	N(0,1)	0.050	0.000	0.000	0.002
		参数自助法	0.063	0.328	0.712	0.754
5	80	N(0,1)	0.053	0.000	0.000	0.000
		参数自助法	0.069	0.466	0.896	0.926
10	20	N(0,1)	0.025	0.004	0.009	0.081
		参数自助法	0.049	0.098	0.218	0.308
10	30	N(0,1)	0.043	0.002	0.018	0.068
		参数自助法	0.056	0.214	0.450	0.471

续表

p	T	临界值	$\boldsymbol{I}$ (第一类错误)	$0.95\boldsymbol{I}$ (功效)	$0.9\boldsymbol{I}$ (功效)	$\boldsymbol{\Pi}_2$ (功效)
10	40	N(0,1)	0.046	0.014	0.031	0.108
		参数自助法	0.073	0.300	0.653	0.684
10	60	N(0,1)	0.062	0.022	0.117	0.168
		参数自助法	0.069	0.560	0.904	0.880
10	80	N(0,1)	0.057	0.022	0.217	0.234
		参数自助法	0.075	0.748	0.991	0.960

3.3.6　一些扩展情形的模拟与讨论

本节我们将重点讨论 $\boldsymbol{\Pi}$-$\boldsymbol{I}$ 的秩对此前提出的两个检验统计量有何影响. 如我们所知, $\boldsymbol{\Pi}$-$\boldsymbol{I}$ 的秩与非平稳时间序列的协整问题有着密切的联系. 为了达到这一目的, 我们首先发展几个相关的最大特征根中心极限定理, 然后再通过计算机模拟展示 $\boldsymbol{\Pi}$-$\boldsymbol{I}$ 的秩对检验统计量产生的影响.

定理 3.3　令假设 A1～A6 成立. 矩阵 $\boldsymbol{\Pi}$ 是对阵的且 $\operatorname{rank}(\boldsymbol{\Pi}-\boldsymbol{I})=p-p_1$. $\boldsymbol{\Pi}$ 的特征根满足

$$\lambda_1(\boldsymbol{\Pi})=\cdots=\lambda_{p_1}(\boldsymbol{\Pi})=1>\varphi\geqslant\lambda_{p_1+1}(\boldsymbol{\Pi})\geqslant\lambda_p(\boldsymbol{\Pi})\geqslant-\varphi$$

存在一个 $p\times p$ 矩阵 $\boldsymbol{U_\Pi}$ 使得 $\boldsymbol{U_\Pi U_\Pi'}=I$ 且有

$$\boldsymbol{\Pi}=\boldsymbol{U_\Pi}\operatorname{diag}\{\boldsymbol{I}_{p_1},\boldsymbol{\Pi}_{\mathbf{R}}\}\boldsymbol{U_\Pi'}$$

其中 $\boldsymbol{\Pi_R}=\operatorname{diag}\{\lambda_{p_1+1}(\boldsymbol{\Pi}),\cdots,\lambda_p(\boldsymbol{\Pi})\}$. 我们可以有 $\boldsymbol{U_\Pi}=(\boldsymbol{U_{M1}'},\boldsymbol{U_{R1}'})'$, 其中 $\boldsymbol{U_{M1}}$ 是一个 $p_1\times p$ 矩阵而 $\boldsymbol{U_{R1}}$ 是一个 $(p-p_1)\times p$ 矩阵. 令 ρ_k 是 $\boldsymbol{B}$ 的第 k 大特征根, 则有如下结论:

(1) 令 $\bar{\boldsymbol{\Sigma}}=\boldsymbol{U_{M1}\Sigma U_{M1}'}$ 是一个 $p_1\times p_1$ 矩阵. 当 $\dfrac{\operatorname{tr}(\bar{\boldsymbol{\Sigma}})}{p}\geqslant c>0$ 时, 则有

$$\frac{\rho_k-\gamma_k\dfrac{\operatorname{tr}(\bar{\boldsymbol{\Sigma}})}{p}}{\gamma_1}\xrightarrow{i.p.}0$$

进一步地, 当 $\lim\limits_{T\to\infty}\dfrac{p-p_1}{p}=0$ 时, 有

$$\frac{\rho_k-\gamma_k\dfrac{\operatorname{tr}(\boldsymbol{\Sigma})}{p}}{\gamma_1}\xrightarrow{i.p.}0$$

(2) 令假设 A7 也成立, 则当 $\dfrac{\operatorname{tr}(\bar{\boldsymbol{\Sigma}})}{p} \geqslant c > 0$ 时, 随机向量为

$$\left(\frac{p}{\sqrt{p_1}}\frac{\rho_1-\gamma_1\dfrac{\operatorname{tr}(\bar{\boldsymbol{\Sigma}})}{p}}{\gamma_1},\cdots,\frac{p}{\sqrt{p_1}}\frac{\rho_k-\gamma_k\dfrac{\operatorname{tr}(\bar{\boldsymbol{\Sigma}})}{p}}{\gamma_1}\right)'$$

此随机向量弱收敛于一个零均值正态随机向量 $\boldsymbol{w}=(w_1,\cdots,w_k)'$, 其协方差为 $\operatorname{cov}(w_i,w_j)=\boldsymbol{\delta}_{ij}\dfrac{2\theta}{(2i-1)^4}$, 其中 $\theta=\lim\limits_{p\to\infty}\dfrac{\operatorname{tr}(\bar{\boldsymbol{\Sigma}}^2)}{p_1}$.

进一步地, 如果 $\lim\limits_{T\to\infty}\dfrac{p-p_1}{\sqrt{p}}=0$, 则随机向量为

$$\left(\sqrt{p}\frac{\rho_1-\gamma_1\dfrac{\operatorname{tr}(\boldsymbol{\Sigma})}{p}}{\gamma_1},\cdots,\sqrt{p}\frac{\rho_k-\gamma_k\dfrac{\operatorname{tr}(\boldsymbol{\Sigma})}{p}}{\gamma_1}\right)'$$

此随机向量弱收敛于一个零均值正态随机向量 $\boldsymbol{w}=(w_1,\cdots,w_k)'$, 其协方差为 $\operatorname{cov}(w_i,w_j)=\boldsymbol{\delta}_{ij}\dfrac{2\theta}{(2i-1)^4}$, 其中 $\theta=\lim\limits_{p\to\infty}\dfrac{\operatorname{tr}(\boldsymbol{\Sigma}^2)}{p}$.

证明 [定理 3.3 的证明]

事实上, 只需要改写下式:

$$\boldsymbol{B}=\frac{1}{p}\boldsymbol{X}\boldsymbol{U}_{\boldsymbol{M1}}'\boldsymbol{U}_{\boldsymbol{M1}}\boldsymbol{X}^*+\frac{1}{p}\boldsymbol{X}\boldsymbol{U}_{\boldsymbol{R1}}'\boldsymbol{U}_{\boldsymbol{R1}}\boldsymbol{X}^*$$

接着可以用定理 2.1 来确定 $\dfrac{1}{p}\boldsymbol{X}\boldsymbol{U}_{\boldsymbol{R1}}'\boldsymbol{U}_{\boldsymbol{R1}}\boldsymbol{X}^*$, 并用定理 2.2 来确定 $\dfrac{1}{p}\boldsymbol{X}\boldsymbol{U}_{\boldsymbol{M1}}'\boldsymbol{U}_{\boldsymbol{M1}}\boldsymbol{X}^*$. 由于两者的阶数不同, 可以发现, $\dfrac{1}{p}\boldsymbol{X}\boldsymbol{U}_{\boldsymbol{M1}}'\boldsymbol{U}_{\boldsymbol{M1}}\boldsymbol{X}^*$ 是主项, 进而完成了本次证明.

定理 3.4 令假设 A1~A6 成立. 矩阵 $\boldsymbol{\Pi}$ 是对称的且 $\operatorname{rank}(\boldsymbol{\Pi}-\boldsymbol{I})=p-p_1$. $\boldsymbol{\Pi}$ 的特征根满足

$$\lambda_1(\boldsymbol{\Pi})=\cdots=\lambda_{p_1}(\boldsymbol{\Pi})=1>\varphi\geqslant\lambda_{p_1+1}(\boldsymbol{\Pi})\geqslant\lambda_p(\boldsymbol{\Pi})\geqslant-\varphi$$

存在一个 $p\times p$ 矩阵 $\boldsymbol{U}_{\boldsymbol{\Pi}}$ 使得 $\boldsymbol{U}_{\boldsymbol{\Pi}}\boldsymbol{U}_{\boldsymbol{\Pi}}'=I$ 和 $\boldsymbol{\Pi}=\boldsymbol{U}_{\boldsymbol{\Pi}}\operatorname{diag}\{\boldsymbol{I}_{p_1},\boldsymbol{\Pi}_{\boldsymbol{R}}\}\boldsymbol{U}_{\boldsymbol{\Pi}}'$, 其中 $\boldsymbol{\Pi}_{\boldsymbol{R}}=\operatorname{diag}\{\lambda_{p_1+1}(\boldsymbol{\Pi}),\cdots,\lambda_p(\boldsymbol{\Pi})\}$. 我们有 $\boldsymbol{U}_{\boldsymbol{\Pi}}=(\boldsymbol{U}_{\boldsymbol{M1}}',\boldsymbol{U}_{\boldsymbol{R1}}')'$, 其中 $\boldsymbol{U}_{\boldsymbol{M1}}$ 是一个 $p_1\times p$ 矩阵而 $\boldsymbol{U}_{R1}$ 是一个 $(p-p_1)\times p$ 矩阵. 令 $\bar{\rho}_k$ 是 $\bar{\boldsymbol{B}}$ 的第 k 大特征根, 则有如下结论:

(1) 令 $\bar{\boldsymbol{\Sigma}}=\boldsymbol{U}_{\boldsymbol{M1}}\boldsymbol{\Sigma}\boldsymbol{U}_{\boldsymbol{M1}}'$ 是一个 $p_1\times p_1$ 矩阵. 当 $\dfrac{\operatorname{tr}(\bar{\boldsymbol{\Sigma}})}{p}\geqslant c>0$ 时, 有

$$\frac{\bar{\rho}_k-\bar{\gamma}_k\dfrac{\operatorname{tr}(\bar{\boldsymbol{\Sigma}})}{p}}{\bar{\gamma}_1}\xrightarrow{i.p.}0$$

进一步地, 当 $\lim\limits_{T\to\infty}\dfrac{p-p_1}{p}=0$ 时, 有

$$\frac{\bar{\rho}_k-\bar{\gamma}_k\dfrac{\mathrm{tr}(\boldsymbol{\Sigma})}{p}}{\bar{\gamma}_1}\xrightarrow{i.p.}0$$

(2) 当 $\dfrac{\mathrm{tr}(\bar{\boldsymbol{\Sigma}})}{p}\geqslant c>0$ 时, 随机向量为

$$\left(\frac{p}{\sqrt{p_1}}\frac{\bar{\rho}_1-\bar{\gamma}_1\dfrac{\mathrm{tr}(\bar{\boldsymbol{\Sigma}})}{p}}{\bar{\gamma}_1},\cdots,\frac{p}{\sqrt{p_1}}\frac{\bar{\rho}_k-\bar{\gamma}_k\dfrac{\mathrm{tr}(\bar{\boldsymbol{\Sigma}})}{p}}{\bar{\gamma}_1}\right)'$$

此随机向量弱收敛于一个零均值正态随机向量 $\bar{\boldsymbol{w}}=(\bar{w}_1,\cdots,\bar{w}_k)'$, 其协方差为 $\mathrm{cov}(\bar{\boldsymbol{w}}_i,\bar{\boldsymbol{w}}_j)=\boldsymbol{\delta}_{ij}\dfrac{2\theta}{i^4}$, 其中 $\theta=\lim\limits_{p\to\infty}\dfrac{\mathrm{tr}(\bar{\boldsymbol{\Sigma}}^2)}{p_1}$.

进一步地, 当 $\lim\limits_{T\to\infty}\dfrac{p-p_1}{\sqrt{p}}=0$ 时, 随机向量为

$$\left(\sqrt{p}\frac{\bar{\rho}_1-\bar{\gamma}_1\dfrac{\mathrm{tr}(\boldsymbol{\Sigma})}{p}}{\bar{\gamma}_1},\cdots,\sqrt{p}\frac{\bar{\rho}_k-\bar{\gamma}_k\dfrac{\mathrm{tr}(\boldsymbol{\Sigma})}{p}}{\bar{\gamma}_1}\right)'$$

此随机向量弱收敛于一个零均值正态随机向量 $\bar{\boldsymbol{w}}=(\bar{w}_1,\cdots,\bar{w}_k)'$, 其协方差为 $\mathrm{cov}(\bar{w}_i,\bar{w}_j)=\boldsymbol{\delta}_{ij}\dfrac{2\theta}{i^4}$, 其中 $\theta=\lim\limits_{p\to\infty}\dfrac{\mathrm{tr}(\boldsymbol{\Sigma}^2)}{p}$.

由此可见, 定理 3.4 的证明思路与定理 3.3 完全相同.

定理 3.5 当 $\lim\limits_{T\to\infty}\dfrac{p-p_1}{\sqrt{p}}=0$ 时, 定理 3.1 依然成立.

证明 [定理 3.5 的证明]

我们只需要研究 $\breve{\boldsymbol{x}}_{f,g}$. 将其写为

$$\breve{\boldsymbol{x}}_{f,g}=(\boldsymbol{x_f}-\boldsymbol{x_{f-1}})'(\boldsymbol{U}_{M1}'\boldsymbol{U}_{M1}+\boldsymbol{U}_{R1}'\boldsymbol{U}_{R1})(\boldsymbol{x_g}-\boldsymbol{x_{g-1}})$$

由于 $p-p_1=o_p(p^{1/2})$, 可以得出

$$\begin{aligned}E\left[(\boldsymbol{x_f}-\boldsymbol{x_{f-1}})'\boldsymbol{U_{M1}'U_{M1}}(\boldsymbol{x_g}-\boldsymbol{x_{g-1}})\right]&=a_{|f-g|}\mathrm{tr}(\bar{\boldsymbol{\Sigma}})\\&=a_{|f-g|}\mathrm{tr}(\boldsymbol{\Sigma})[1+o_p(p^{-1/2})]\\\mathrm{var}[(\boldsymbol{x_f}-\boldsymbol{x_{f-1}})'\boldsymbol{U_{M1}'U_{M1}}(\boldsymbol{x_g}-\boldsymbol{x_{g-1}})]&=(a_{|f-g|}^2+a_0^2)\mathrm{tr}(\bar{\boldsymbol{\Sigma}}^{\boldsymbol{2}})\\&=(a_{|f-g|}^2+a_0^2)\mathrm{tr}(\boldsymbol{\Sigma}^2)[1+o_p(p^{-1/2})]\end{aligned}$$

进一步地, 可以验证

$$(\boldsymbol{x_f}-\boldsymbol{x_{f-1}})'U_{R1}'U_{R1}(\boldsymbol{x_g}-\boldsymbol{x_{g-1}})=O_p[M_0(p-p_1)]=o_p(p^{1/2})$$

结合定理 3.4, 我们发现两个估计量依然有效, 因此证明完成.

如果没有 $\lim\limits_{T\to\infty}\dfrac{p-p_1}{\sqrt{p}}=0$, 定理 3.3 中的 $\gamma_1\dfrac{\operatorname{tr}(\bar{\boldsymbol{\Sigma}})}{p}$ 和定理 3.4 中的 $\bar{\gamma}_1\dfrac{\operatorname{tr}(\bar{\boldsymbol{\Sigma}})}{p}$ 是难以估计的. 因此我们不得不附加 $(p-p_1)/\sqrt{p}\to 0$ 这一条件.

从以上定理我们可以发现 $\boldsymbol{\Pi}$-$\boldsymbol{I}$ 的秩扮演着关键角色. 因此, 接下来将进行一些计算机模拟去验证这一点. 我们采用如下的 $\boldsymbol{\Pi}$ 和具有不同秩的 $\boldsymbol{\Pi}$-$\boldsymbol{I}$:

$$\boldsymbol{\Pi_{c0}}=\boldsymbol{I}-\frac{\boldsymbol{11'}}{p},\quad \operatorname{rank}(\boldsymbol{\Pi_{c0}}-I)=1 \tag{3.28}$$

$$\boldsymbol{\Pi_{c1}}=\operatorname{diag}\{\boldsymbol{I_{p-[p/4]}},0.9\boldsymbol{I_{[p/4]}}\},\quad \operatorname{rank}(\boldsymbol{\Pi_{c1}}-I)=[p/4] \tag{3.29}$$

$$\boldsymbol{\Pi_{c2}}=\operatorname{diag}\{\boldsymbol{I_{p-[p/2]}},0.9\boldsymbol{I_{[p/2]}}\},\quad \operatorname{rank}(\boldsymbol{\Pi_{c2}}-I)=[p/2] \tag{3.30}$$

$$\boldsymbol{\Pi_{c3}}=\operatorname{diag}\{\boldsymbol{I_{p-[3p/4]}},0.9\boldsymbol{I_{[3p/4]}}\},\quad \operatorname{rank}(\boldsymbol{\Pi_{c3}}-I)=[3p/4] \tag{3.31}$$

令 $\boldsymbol{y_t}=\psi\boldsymbol{z_{t-1}}+\boldsymbol{z_t}$, 其中 $\psi=0.5$. $\boldsymbol{\Sigma}$ 的元素为 $\boldsymbol{\Sigma}_{i,j}=0.3^{|i-j|}$.

对这些计算机模拟结果进行观察, 可以发现: 当 p 小时, 是否采用参数自助法会明显影响 $\boldsymbol{\Pi_{c0}}$ 的表现. 事实上, 这是因为尽管 $\operatorname{rank}(\boldsymbol{\Pi_{c0}}-\boldsymbol{I})=1$, 当 p 只有 5 或 10 的时候, $\dfrac{1}{\sqrt{p}}$ 并不是足够小的. 根据定理 3.3 和定理 3.5 的证明, 可以发现 T_N (以及 $\bar{T}_N$) 是两部分的加和. 当 $\dfrac{p-p_1}{\sqrt{p}}$ 不够小的时候, 第二部分 (平稳的时间序列构成的部分) 是难以忽略的. 注意当 p 值偏小时, 如果使用 $N(0,1)$ 产生的临界值, 功效将非常低; 而使用参数自助法提供的临界值时, 功效将大得多.

而 $\boldsymbol{\Pi_{c1}}$, $\boldsymbol{\Pi_{c2}}$ 和 $\boldsymbol{\Pi_{c3}}$ 的表现显示, 平稳部分的影响将随着 $\dfrac{p-p_1}{\sqrt{p}}$ 的增大而增强, 如表 3-9 ~ 表 3-12 所示.

表 3-9　T_N 的结果

p	T	$\boldsymbol{\Pi_{c0}}$ (第一类错误)	$\boldsymbol{\Pi_{c1}}$ (功效)	$\boldsymbol{\Pi_{c2}}$ (功效)	$\boldsymbol{\Pi_{c3}}$ (功效)	$0.9\boldsymbol{I}$ (功效)
5	20	0.046	0.028	0.019	0.012	0.008
5	30	0.054	0.025	0.013	0.008	0.010
5	40	0.039	0.013	0.002	0.002	0.012
5	60	0.052	0.029	0.013	0.002	0.006
5	80	0.048	0.030	0.011	0.006	0.002
10	20	0.023	0.019	0.017	0.014	0.048
10	30	0.030	0.025	0.025	0.058	0.142
10	40	0.031	0.029	0.036	0.062	0.322
10	60	0.030	0.011	0.038	0.112	0.558

续表

p	T	Π_{c0} (第一类错误)	Π_{c1} (功效)	Π_{c2} (功效)	Π_{c3} (功效)	$0.9I$ (功效)
10	80	0.036	0.029	0.057	0.126	0.678
20	20	0.025	0.017	0.034	0.112	0.216
20	30	0.035	0.027	0.072	0.262	0.672
20	40	0.031	0.041	0.135	0.440	0.951
20	60	0.038	0.042	0.191	0.564	1.000
20	80	0.040	0.040	0.224	0.629	1.000
40	20	0.021	0.048	0.103	0.270	0.580
40	30	0.028	0.060	0.211	0.594	0.964
40	40	0.031	0.061	0.282	0.685	0.999
40	60	0.037	0.082	0.358	0.812	1.000
40	80	0.046	0.112	0.403	0.831	1.000
60	20	0.018	0.040	0.157	0.446	0.766
60	30	0.037	0.074	0.311	0.751	0.998
60	40	0.036	0.098	0.391	0.832	1.000
60	60	0.038	0.114	0.459	0.865	1.000
60	80	0.037	0.162	0.482	0.900	1.000
80	20	0.018	0.053	0.301	0.574	0.870
80	30	0.026	0.082	0.415	0.853	1.000
80	40	0.036	0.121	0.467	0.925	1.000
80	60	0.036	0.148	0.555	0.942	1.000
80	80	0.051	0.169	0.604	0.944	1.000

表 3-10　基于参数自助法的 T_N 结果

p	T	Π_{c0} (第一类错误)	Π_{c1} (功效)	Π_{c2} (功效)	Π_{c3} (功效)	$0.9I$ (功效)
5	20	0.111	0.095	0.126	0.154	0.308
5	30	0.125	0.141	0.179	0.258	0.580

续表

p	T	$\boldsymbol{\Pi}_{c0}$ (第一类错误)	$\boldsymbol{\Pi}_{c1}$ (功效)	$\boldsymbol{\Pi}_{c2}$ (功效)	$\boldsymbol{\Pi}_{c3}$ (功效)	$0.9\boldsymbol{I}$ (功效)
5	40	0.133	0.112	0.175	0.328	0.772
5	60	0.122	0.126	0.208	0.342	0.938
5	80	0.112	0.103	0.257	0.392	0.992
10	20	0.069	0.103	0.187	0.236	0.462
10	30	0.068	0.116	0.269	0.462	0.826
10	40	0.072	0.137	0.341	0.516	0.972
10	60	0.087	0.139	0.354	0.592	1.000
10	80	0.101	0.137	0.379	0.642	1.000
20	20	0.043	0.097	0.223	0.458	0.636
20	30	0.054	0.128	0.352	0.712	0.974
20	40	0.066	0.187	0.425	0.774	0.998
20	60	0.077	0.217	0.463	0.842	1.000
20	80	0.070	0.162	0.535	0.854	1.000
40	20	0.053	0.152	0.337	0.568	0.860
40	30	0.056	0.198	0.467	0.826	0.990
40	40	0.042	0.194	0.499	0.844	1.000
40	60	0.053	0.225	0.583	0.924	1.000
40	80	0.063	0.248	0.613	0.910	1.000
60	20	0.038	0.173	0.358	0.694	0.930
60	30	0.046	0.236	0.600	0.906	1.000
60	40	0.055	0.240	0.627	0.946	1.000
60	60	0.037	0.282	0.674	0.954	1.000
60	80	0.054	0.255	0.678	0.958	1.000
80	20	0.053	0.206	0.541	0.798	0.950
80	30	0.054	0.284	0.657	0.940	1.000
80	40	0.055	0.269	0.726	0.972	1.000
80	60	0.060	0.303	0.688	0.978	1.000
80	80	0.064	0.321	0.756	0.980	1.000

表 3-11 $\bar{T}_N$ 的结果

p	T	$\boldsymbol{\Pi}_{c0}$ (第一类错误)	$\boldsymbol{\Pi}_{c1}$ (功效)	$\boldsymbol{\Pi}_{c2}$ (功效)	$\boldsymbol{\Pi}_{c3}$ (功效)	$0.9\boldsymbol{I}$ (功效)
5	20	0.057	0.030	0.024	0.016	0.008
5	30	0.056	0.032	0.022	0.012	0.002
5	40	0.054	0.032	0.022	0.006	0.000
5	60	0.055	0.040	0.018	0.004	0.000
5	80	0.049	0.038	0.030	0.000	0.000
10	20	0.024	0.028	0.006	0.026	0.009
10	30	0.028	0.034	0.012	0.014	0.018
10	40	0.036	0.022	0.010	0.016	0.031
10	60	0.049	0.022	0.010	0.022	0.117
10	80	0.038	0.030	0.012	0.044	0.217
20	20	0.019	0.010	0.014	0.012	0.013
20	30	0.023	0.018	0.024	0.044	0.124
20	40	0.035	0.018	0.030	0.106	0.290
20	60	0.032	0.024	0.084	0.259	0.746
20	80	0.044	0.040	0.115	0.405	0.959
40	20	0.016	0.008	0.018	0.046	0.075
40	30	0.032	0.014	0.046	0.124	0.290
40	40	0.030	0.023	0.097	0.215	0.584
40	60	0.046	0.050	0.185	0.514	0.985
40	80	0.031	0.060	0.282	0.648	1.000
60	20	0.020	0.018	0.038	0.056	0.144
60	30	0.030	0.027	0.088	0.205	0.523
60	40	0.030	0.037	0.144	0.351	0.823
60	60	0.033	0.073	0.258	0.603	0.999
60	80	0.043	0.092	0.360	0.775	1.000
80	20	0.013	0.016	0.050	0.082	0.191
80	30	0.026	0.033	0.109	0.261	0.661

续表

p	T	$\boldsymbol{\Pi}_{c0}$ (第一类错误)	$\boldsymbol{\Pi}_{c1}$ (功效)	$\boldsymbol{\Pi}_{c2}$ (功效)	$\boldsymbol{\Pi}_{c3}$ (功效)	$0.9\boldsymbol{I}$ (功效)
80	40	0.032	0.055	0.179	0.483	0.934
80	60	0.040	0.084	0.330	0.735	1.000
80	80	0.038	0.111	0.386	0.803	1.000

表 3-12 基于参数自助法的 $\bar{T}_N$ 结果

p	T	$\boldsymbol{\Pi}_{c0}$ (第一类错误)	$\boldsymbol{\Pi}_{c1}$ (功效)	$\boldsymbol{\Pi}_{c2}$ (功效)	$\boldsymbol{\Pi}_{c3}$ (功效)	$0.9\boldsymbol{I}$ (功效)
5	20	0.079	0.066	0.092	0.106	0.155
5	30	0.099	0.074	0.100	0.146	0.284
5	40	0.111	0.106	0.092	0.188	0.417
5	60	0.094	0.112	0.132	0.260	0.712
5	80	0.110	0.114	0.196	0.326	0.896
10	20	0.045	0.078	0.114	0.158	0.218
10	30	0.080	0.096	0.166	0.257	0.450
10	40	0.091	0.108	0.240	0.372	0.653
10	60	0.102	0.134	0.309	0.524	0.904
10	80	0.085	0.114	0.326	0.608	0.991
20	20	0.056	0.050	0.112	0.190	0.239
20	30	0.071	0.106	0.184	0.376	0.606
20	40	0.072	0.128	0.282	0.544	0.837
20	60	0.065	0.158	0.418	0.737	0.986
20	80	0.071	0.158	0.458	0.778	1.000
40	20	0.028	0.088	0.164	0.252	0.352
40	30	0.055	0.122	0.256	0.439	0.695
40	40	0.053	0.138	0.310	0.564	0.873
40	60	0.060	0.168	0.470	0.783	0.999
40	80	0.066	0.214	0.562	0.866	1.000

续表

p	T	$\boldsymbol{\Pi}_{c0}$ (第一类错误)	$\boldsymbol{\Pi}_{c1}$ (功效)	$\boldsymbol{\Pi}_{c2}$ (功效)	$\boldsymbol{\Pi}_{c3}$ (功效)	$0.9\boldsymbol{I}$ (功效)
60	20	0.056	0.086	0.204	0.288	0.452
60	30	0.047	0.152	0.296	0.525	0.807
60	40	0.050	0.174	0.378	0.692	0.961
60	60	0.040	0.218	0.500	0.838	1.000
60	80	0.057	0.252	0.590	0.908	1.000
80	20	0.038	0.120	0.210	0.340	0.512
80	30	0.046	0.130	0.315	0.597	0.903
80	40	0.064	0.180	0.416	0.713	0.986
80	60	0.047	0.215	0.588	0.884	1.000
80	80	0.050	0.286	0.597	0.887	1.000

第 4 章　高维渐近单位根过程

4.1　高维渐近单位根模型

本章将进一步研究高维非平稳时间序列的样本协方差矩阵. 令 Y_{tj} 是 MA(q), 其中 q 可以是固定的, 也可以是趋于无穷的. 因此我们定义线性过程 Y_{tj} 如下:

$$Y_{tj} = \sum_{k=0}^{q} b_k Z_{t-k,j} \tag{4.1}$$

其中 $\sum\limits_{i=0}^{q} |b_i| < \infty$ 以及 $\{Z_{ij}\}$ 是独立同分布的随机变量. $EZ_{ij} = 0$, $E|Z_{ij}|^2 = 1$ 以及 $E|Z_{ij}|^4 < \infty$. 假设 $\boldsymbol{y_t} = (\boldsymbol{Y_{t1}}, \cdots, \boldsymbol{Y_{tn}})^\top$ 是一个 n 维时间序列. 考虑如下 n 维时间序列模型:

$$\boldsymbol{x}_t = \boldsymbol{\Pi} \boldsymbol{x}_{t-1} + \Sigma^{1/2} \boldsymbol{y}_t \quad (1 \leqslant t \leqslant T) \tag{4.2}$$

其中 $\boldsymbol{\Pi}$ 是一个 $n \times n$ 的对称矩阵.

一个常见的例子是 $\boldsymbol{\Pi} = \mathrm{diag}\{\varphi_1, \cdots, \varphi_n\}$ 而 $\Sigma^{1/2}\boldsymbol{y}_t$ 的各分量是平稳的. 那么对于 $\boldsymbol{x}_t$ 的第 i 个分量 $\{X_{ti}\}_{1\leqslant t\leqslant T}$, 其是否平稳取决于 φ_i.

(1) 当 $\varphi_i = 1$ 时, $\{X_{ti}\}_{1\leqslant t\leqslant T}$ 是一个单位根过程.

(2) 当 $|\varphi_i| \leqslant c < 1$ 时, $\{X_{ti}\}_{1\leqslant t\leqslant T}$ 是一个平稳过程.

(3) 当 $\varphi_i < 1$ 且 $\lim_{T\to\infty} \varphi_i = 1$ 时, $\{X_{ti}\}_{1\leqslant t\leqslant T}$ 是一个渐近平稳或渐近单位根过程.

(4) 当 $\varphi_i > 1$ 且 $\lim_{T\to\infty} \varphi_i = 1$ 时, $\{X_{ti}\}_{1\leqslant t\leqslant T}$ 是一个渐近爆炸过程.

因此, 式 (4.2) 涵盖了多种多样的分量. 进一步地, 当 $\boldsymbol{\Pi}$ 不是对角阵时, 式 (4.2) 可以涵盖很广泛的情形.

假设 4.1 ($\boldsymbol{\Pi}$ 和 $\boldsymbol{T}$ 的条件) 令 $\varphi_1 \geqslant \cdots \geqslant \varphi_n \geqslant 0$ 是 $\boldsymbol{\Pi}$ 的特征根, 存在 n_1 和 n_2 使得

$$1 + \frac{c}{T} \geqslant \varphi_1 \geqslant \cdots \geqslant \varphi_{n_1} \geqslant 1 - \frac{c}{T} \tag{4.3}$$

$$\lim_{n,T\to\infty} T(1-\varphi_{n_1+1})=\infty,\quad \lim_{n,T\to\infty}\varphi_{n_1+n_2}=1 \tag{4.4}$$

$$1>c_1\geqslant\varphi_{n_1+n_2+1}\geqslant\cdots\geqslant\varphi_n\geqslant 0 \tag{4.5}$$

其中 c 和 c_1 是两个不依赖于 n 和 T 的常数.

假设 4.2 (n 和 T 的条件) 令 $n_3=n-n_1-n_2$, $T\to\infty$ 以及 $n\to\infty$ 使得

$$\lim_{n,T\to\infty}\frac{n_1^{1/2}}{T}=0 \tag{4.6}$$

$$\sum_{s=n_1+1}^{n_1+n_2}\frac{T}{1-\varphi_s}+n_3=o(\sqrt{n_1}T^2) \tag{4.7}$$

假设 4.3 (b_i 的条件) $\sum\limits_{i=0}^{q} i|b_i|<\infty$ 以及 $\sum\limits_{i=0}^{q} b_i=s\neq 0$.

定义 4.1 改写 $\boldsymbol{\Pi}$ 如下:

$$\boldsymbol{\Pi}=\sum_{i=1}^{3}\boldsymbol{U}_{\boldsymbol{\Pi},i}\boldsymbol{\Lambda}_{\boldsymbol{\Pi},i}\boldsymbol{U}_{\boldsymbol{\Pi},i}^{\top} \tag{4.8}$$

其中 $\Lambda_{\Pi,1}=\mathrm{diag}(\varphi_1,\cdots,\varphi_{n_1})$, $\Lambda_{\Pi,2}=\mathrm{diag}(\varphi_{n_1+1},\cdots,\varphi_{n_1+n_2})$, $\Lambda_{\Pi,3}=\mathrm{diag}(\varphi_{n_1+n_2+1},\cdots,\varphi_n)$ 以及 $\boldsymbol{U}_{\boldsymbol{\Pi},i}^{\top}\boldsymbol{U}_{\boldsymbol{\Pi},i}=\boldsymbol{I}_{n_i}$. 令 $\Sigma_{\Pi,i}=\Sigma^{1/2}\boldsymbol{U}_{\boldsymbol{\Pi},i}\boldsymbol{U}_{\boldsymbol{\Pi},i}^{\top}\Sigma^{1/2}$.

假设 4.4 (Σ 的条件) 存在两个正常数 M_0 和 M_1 使得 $\|\Sigma\|_2\leqslant M_0$ 以及 $\mathrm{tr}(\boldsymbol{\Sigma}_{\boldsymbol{\Pi},\mathbf{1}})/n_1\geqslant M_1$.

假设 4.1 允许 $\boldsymbol{x}_t$ 是一个由渐近爆炸过程、单位根过程、渐近单位根过程、渐近平稳过程以及平稳过程等分量混合而成的高维时间序列. 假设 4.2 显示我们并不需要 n 和 T 同阶这一随机矩阵理论中常用的条件. 式 (4.7) 也显示平稳分量的占比可以很大. 假设 4.3 的第一部分显示该线性过程可以涵盖 MA(q) 模型和 AR(1) 模型. 假设 4.3 的第二部分是容易满足的, 且对最大特征根的主要项有着重要影响. 假设 4.4 也是常用的条件. 因此, 需要对 Z_{ij} 附加一些条件.

假设 4.5 ($\{Z_{ij}\}$ 的条件) $\{Z_{ij}\}$ 是均值为 0、方差为 1 且四阶矩有限的独立同分布随机变量. 令 $\boldsymbol{z}_t=(Z_{t1},\cdots,Z_{tn})^{\top}$, 其中 t 可以取自然数或负整数.

定义 a_i 如下:

$$a_i=\sum_{k=0}^{q}b_kb_{k+i} \tag{4.9}$$

因此 $a_i=EY_{tj}Y_{t+i,j}$. 接下来, 对 $\boldsymbol{\Lambda}_{\boldsymbol{\Pi},\mathbf{1}}$ 附加一个条件.

假设 4.6 ($\boldsymbol{\Lambda}_{\boldsymbol{\Pi},1}$ 的条件) 令 Ω_{kk} 是矩阵 $\boldsymbol{\Sigma}_{\boldsymbol{\Pi},\mathbf{1}}$ 的第 k 个对角线元素.

$\{\varphi_k\}_{1\leqslant k\leqslant n_1}$ 满足以下条件:

$$\varphi=\frac{\sum\limits_{k=1}^{n_1}\varphi_k\Omega_{kk}}{\sum\limits_{k=1}^{n_1}\Omega_{kk}}\leqslant 1 \tag{4.10}$$

$$\frac{\sum\limits_{k=1}^{n_1}(\varphi_k-\varphi)^2\Omega_{kk}}{\sum\limits_{k=1}^{n_1}\Omega_{kk}}=o\left(\frac{1}{\sqrt{n_1}T^2}\right) \tag{4.11}$$

评论 4.1 关于式 (4.10) 和式 (4.11), 可以列出以下三个例子:

第一个例子, 令 $\varphi_i=1-\dfrac{c}{T}$ 对任意的 i 和非负常数 c, 式 (4.10) 和式 (4.11) 成立.

第二个例子, 令 $\Omega_{kk}=1$ 以及 $\varphi_i=1-\varsigma_i\chi/T$, 其中 $\{\varsigma_i\}_{1\leqslant i\leqslant n_1}$ 是独立同分布的且分布为 $(-0.5,1.5)$ 上的均匀分布, 则 $\dfrac{\sum\limits_{k=1}^{n_1}(\varphi_k-\varphi)^2\Omega_{kk}}{\sum\limits_{k=1}^{n_1}\Omega_{kk}}=\dfrac{1}{n_1}\sum\limits_{k=1}^{n_1}(\varphi_k-\varphi)^2$ 依概率 1 地有 $\dfrac{\chi^2}{T^2}$ 的阶数. 当 $\chi=o(n^{-1/4})$ 时, 式 (4.10) 和式 (4.11) 依概率 1 地成立.

第三个例子, 令 $\Omega_{kk}=1$. 当 $1\leqslant i\leqslant n_1-m$ 时, $\varphi_i=1-\chi_1/T$. 当 $n_1-m+1\leqslant i\leqslant n_1$ 时, $\varphi_i\neq 1-\chi_1/T$. 注意: 这里所有的 φ_i 满足式 (4.3), 则 $\dfrac{\sum\limits_{k=1}^{n_1}(\varphi_k-\varphi)^2\Omega_{kk}}{\sum\limits_{k=1}^{n_1}\Omega_{kk}}=\dfrac{1}{n_1}\sum\limits_{k=1}^{n_1}(\varphi_k-\varphi)^2=O\left(\dfrac{m}{n_1T^2}\right)$. 当 $m=o(n^{1/2})$ 时, 式 (4.10) 和式 (4.11) 成立.

进一步地, 我们也可以注意到第一个例子中, $\varphi=1-\dfrac{c}{T}$. 第二个例子中, $\varphi=1-\dfrac{\chi}{2T}+O_p\Big(\dfrac{\chi}{T\sqrt{n_1}}\Big)$. 类似地, 第三个例子中, $\varphi=1-\dfrac{\chi}{T}+O_p\Big(\dfrac{m}{Tn_1}\Big)$. 尽管 $\boldsymbol{\Pi}\neq\varphi\boldsymbol{I}$, φ 依然包含着 $\boldsymbol{\Pi}$ 中的重要信息.

注意: 在后两个例子中 $\Omega_{kk}=1$ 并不是必须的. 对于更广泛的 Ω_{kk}, 式 (4.10) 和式 (4.11) 在这两个例子中依然成立.

4.2 高维渐近单位根过程最大特征根的中心极限定理

定义如下样本协方差矩阵:

$$\boldsymbol{B}=\frac{1}{n}\boldsymbol{X}\boldsymbol{X}^\top \tag{4.12}$$

其中 $\boldsymbol{X}=(\boldsymbol{x}_1,\cdots,\boldsymbol{x}_{\boldsymbol{T}})^\top$. 本节将发展 $\boldsymbol{B}$ 最大特征根的渐近理论.

定义 4.2　令 $\pi>\theta_{\varphi,1}>\cdots>\theta_{\varphi,T}>0$ 是如下方程的解:

$$\varphi\sin(T\theta)+\sin[(T+1)\theta]=0 \tag{4.13}$$

定义 4.3　对 $k=1,\cdots,T$, 有

$$\lambda_{\varphi,k}=\frac{1}{2\varphi(1+\cos\theta_{\varphi,k})+(1-\varphi)^2} \tag{4.14}$$

$$\gamma_{\varphi,k}=\lambda_{\varphi,k}\Big[a_0+2\sum_{j=1}^{\infty}a_j(-1)^j\cos(j\theta_{\varphi,k})\Big] \tag{4.15}$$

其中 $\theta_{\varphi,k}$ 在式 (4.13) 中被定义.

定理 4.1　令式 (4.1) ~ 式 (4.6) 成立且 $\boldsymbol{x}_0=\boldsymbol{0}$. 令 ρ_k 是 $\boldsymbol{B}$ 的第 k 大特征根. 当 k 是固定值时, 随机向量为

$$\frac{n_1}{\left[\operatorname{tr}(2\boldsymbol{\Sigma}^{\mathbf{2}}_{\boldsymbol{\Pi},\mathbf{1}})\right]^{1/2}}\left(\frac{\dfrac{n}{n_1}\rho_1-\gamma_{\varphi,1}\dfrac{\operatorname{tr}(\boldsymbol{\Sigma}_{\boldsymbol{\Pi},\mathbf{1}})}{n_1}}{\gamma_{\varphi,1}},\cdots,\frac{\dfrac{n}{n_1}\rho_k-\gamma_{\varphi,k}\dfrac{\operatorname{tr}(\boldsymbol{\Sigma}_{\boldsymbol{\Pi},\mathbf{1}})}{n_1}}{\gamma_{\varphi,k}}\right)^\top \tag{4.16}$$

此随机向量弱收敛于零均值高斯向量 $\boldsymbol{w}=(w_1,\cdots,w_k)^\top$, 其协方差为 $\operatorname{cov}(w_i,w_j)=0$, 对任意 $i\neq j$. 同时方差满足 $\operatorname{var}(w_i)=1$.

为了讨论方便, 本书假设 $\boldsymbol{x}_0=\boldsymbol{0}$ 和不存在时间趋势项. 笔者将在后文讨论 $\boldsymbol{x}_0$ 和时间趋势项的影响.

注意: 式 (4.11) 是为了保证最大特征根的分布收敛而存在的, 如果我们只是需要最大特征根的依概率收敛结果, 那么条件可以替换为 (4.17), 即

$$\frac{\sum\limits_{k=1}^{n_1}(\varphi_k-\varphi)^2\Omega_{kk}}{\sum\limits_{k=1}^{n_1}\Omega_{kk}}=o\left(\frac{1}{T^2}\right) \tag{4.17}$$

4.3　中心极限定理的证明

引理 4.1　令假设 4.3~4.5 成立且 $\boldsymbol{x}_0=\boldsymbol{0}$. 进一步地, 有

$$\boldsymbol{\Pi}=\varphi\boldsymbol{I},\quad \varphi\leqslant 1,\quad \lim_{n,T\to\infty}T(1-\varphi)<\infty \tag{4.18}$$

$$\lim_{n,T\to\infty}\frac{n^{1/2}}{T}=o(1) \tag{4.19}$$

则随机向量为

$$\frac{n}{[\mathrm{tr}(2\boldsymbol{\Sigma}^{\boldsymbol{2}})]^{1/2}}\left(\frac{\rho_1-\gamma_{\varphi,1}\dfrac{\mathrm{tr}(\boldsymbol{\Sigma})}{n}}{\gamma_{\varphi,1}},\cdots,\frac{\rho_k-\gamma_{\varphi,k}\dfrac{\mathrm{tr}(\boldsymbol{\Sigma})}{n}}{\gamma_{\varphi,k}}\right)^\top \tag{4.20}$$

此随机向量弱收敛于零均值高斯随机向量 $\boldsymbol{w}=(w_1,\cdots,w_k)^\top$, 其协方差 $\mathrm{cov}(w_i, w_j)=0$ 对任意 $i\neq j$ 成立, 且其方差 $\mathrm{var}(w_i)=1$.

在截断时间序列的情况下证明引理 4.1.

$$\begin{aligned}\boldsymbol{B}&=(1/n)\boldsymbol{X}\boldsymbol{X}^\top=(1/n)\boldsymbol{C}_\varphi\boldsymbol{Y}\boldsymbol{\Sigma}\boldsymbol{Y}^\top\boldsymbol{C}_\varphi^\top\\&=(1/n)\boldsymbol{C}_\varphi\boldsymbol{F}\boldsymbol{Z}_{\boldsymbol{n}}\boldsymbol{\Sigma}\boldsymbol{Z}_{\boldsymbol{n}}^\top\boldsymbol{F}^\top\boldsymbol{C}_\varphi^\top\end{aligned} \tag{4.21}$$

其中 $\boldsymbol{C}_\varphi$ 是 $n\times n$ 下三角阵, 其对角线元素为 1 且第 (i,j) 个元素 φ^{i-j} 对任意 $i\geqslant j$ 成立.

直接研究 $\boldsymbol{C}_\varphi\boldsymbol{A}\boldsymbol{C}_\varphi^\top$ 的特征根性质是富有挑战性的. 观察可得 $\boldsymbol{C}_\varphi\boldsymbol{A}\boldsymbol{C}_\varphi^\top$ 和 $\boldsymbol{A}\boldsymbol{C}_\varphi^\top\boldsymbol{C}_\varphi$ 有着相同的特征根, 故可以先研究 $\boldsymbol{C}_\varphi^\top\boldsymbol{C}_\varphi$ 的特征根, 而其特征根可以从 $(\boldsymbol{C}_\varphi^\top\boldsymbol{C}_\varphi)^{-1}$ 的特征根获得. 接下来, 由 $\boldsymbol{C}_\varphi^\top\boldsymbol{C}_\varphi$ 的特征根得到 $\boldsymbol{C}_\varphi\boldsymbol{A}\boldsymbol{C}_\varphi^\top$ 特征根的渐近结果. 得到的结果可以被总结为一系列引理和定理. 首先是将三个引理用于给出 $\boldsymbol{C}_\varphi^\top\boldsymbol{C}_\varphi$ 的特征根以及特征根的极限.

引理 4.2 令 $\lambda_{\varphi,1}\geqslant\lambda_{\varphi,2}\geqslant\cdots\geqslant\lambda_{\varphi,T}\geqslant 0$ 是 $\boldsymbol{C}_\varphi^\top\boldsymbol{C}_\varphi$ 的特征根, 则有

$$\lambda_{\varphi,k}=\frac{1}{2\varphi(1+\cos\theta_{\varphi,k})+(1-\varphi)^2}\quad(\pi>\theta_{\varphi,1}>\cdots>\theta_{\varphi,T}>0) \tag{4.22}$$

其中 $\pi>\theta_{\varphi,1}>\cdots>\theta_{\varphi,T}>0$ 是方程

$$\varphi\sin T\theta+\sin(T+1)\theta=0 \tag{4.23}$$

的解.

引理 4.3 采用引理 2.1 中的定义, 则

$$\lim_{T\to\infty}\frac{\lambda_{1,k}}{T^2}=\frac{4}{\pi^2(2k-1)^2} \tag{4.24}$$

对任何固定的 k 都成立.

引理 4.4 采用引理 4.2 中的定义, 当式 (4.18) 成立时, 有

$$\lim_{T\to\infty}\frac{\lambda_{\varphi,k}}{T^2}>0 \tag{4.25}$$

此时对任何固定的 k 都成立. 更进一步地, 当 T 充分大时, 存在一个与 T 无关的常数 $\gamma>0$ 使得

$$\lim_{T\to\infty}\frac{\lambda_{1,k}-\lambda_{\varphi,k}}{\lambda_{1,k}}\leqslant\gamma T(1-\varphi) \tag{4.26}$$

对任何固定的 k 都成立.

关于 $\boldsymbol{C}_\varphi^\top \boldsymbol{C}_\varphi$ 特征向量的性质描述如下：

引理 4.5 令 $\tilde{\boldsymbol{x}}_{\boldsymbol{k}} = (x_{k,1}, \cdots, x_{k,T})^\top$ 是一个 $T \times 1$ 向量, 满足

$$x_{k,i} = (-1)^{T-i} \sin(T-i+1)\theta_{\varphi,k} \quad (-l \leqslant i \leqslant T+l) \tag{4.27}$$

那么 $\{\tilde{\boldsymbol{x}}_{\boldsymbol{k}}, 1 \leqslant k \leqslant T\}$ 是正交的且对任意的 k, 有

$$\boldsymbol{C}_\varphi^\top \boldsymbol{C}_\varphi \tilde{\boldsymbol{x}}_{\boldsymbol{k}} = \lambda_{\varphi,k} \tilde{\boldsymbol{x}}_{\boldsymbol{k}} \tag{4.28}$$

引理 4.6

$$\sum_{j=1}^{T} (x_{k,j})^2 = \frac{T}{2} + o(T)$$

进一步地, 有

$$\tilde{\boldsymbol{y}}_{\boldsymbol{k}} = \frac{\tilde{\boldsymbol{x}}_{\boldsymbol{k}}}{\|\tilde{\boldsymbol{x}}_{\boldsymbol{k}}\|} \tag{4.29}$$

则 $\{\tilde{\boldsymbol{y}}_{\boldsymbol{k}}\}_{1 \leqslant k \leqslant T}$ 是正交的且 $\tilde{\boldsymbol{y}}_{\boldsymbol{k}}$ 的第 j 个元素 $y_{k,j}$ 满足

$$|y_{k,j}| = \frac{|x_{k,j}|}{\|\tilde{\boldsymbol{x}}_{\boldsymbol{k}}\|} = O(T^{-1/2}) \tag{4.30}$$

$\boldsymbol{A}\boldsymbol{C}_\varphi^\top \boldsymbol{C}_\varphi$ 特征根的渐近结果如下所示：

引理 4.7 定义 $\gamma_{\varphi,k}$, 则

$$\gamma_{\varphi,k} = \lambda_{\varphi,k}[a_0 + 2 \sum_{1 \leqslant j \leqslant T-1} a_j (-1)^j \cos(j\theta_{\varphi,k})] \tag{4.31}$$

当 $T(1-\varphi)$ 有界时, 对任意确定的正整数 $k \geqslant 1$, 存在一个常数 $c_{\varphi,k}$ 使得

$$\lim_{T\to\infty} \frac{\gamma_{\varphi,k}}{T^2} = c_{\varphi,k} > 0 \tag{4.32}$$

令 $\beta_{\varphi,1} \geqslant \beta_{\varphi,2} \geqslant \cdots \geqslant \beta_{\varphi,T}$ 是 $\boldsymbol{A}\boldsymbol{C}_\varphi^\top \boldsymbol{C}_\varphi$ 的特征根. 如果 $\boldsymbol{A}$ 满足假设 4.3, 则对任何确定的整数 $i \geqslant 1$ 和 $j \geqslant 1$, 以下结论成立：

$$\left| \frac{\beta_{\varphi,i} - \gamma_{\varphi,i}}{\gamma_{\varphi,j}} \right| = O(T^{-1}) \tag{4.33}$$

对任意 $\epsilon > 0$, 存在 T_0 和 k_0, 其中 k_0 是独立于 T 的常数, 使得当 $T \geqslant T_0$ 且 $k \geqslant k_0$ 时, 有

$$\left| \frac{\beta_{\varphi,k}}{\gamma_{\varphi,1}} \right| \leqslant \epsilon \tag{4.34}$$

引理 4.8 令 $\boldsymbol{A}$ 满足假设 4.3, 则有

$$\operatorname{tr}(\boldsymbol{A}\boldsymbol{C}_{\boldsymbol{1}}^\top \boldsymbol{C}_{\boldsymbol{1}}) = a_0 \frac{(T+1)T}{2} + \sum_{1 \leqslant j \leqslant T-1} a_j (T-j+1)(T-j)$$

$$\lim_{T\to\infty} \frac{\beta_{1,k}}{\operatorname{tr}(\boldsymbol{A}\boldsymbol{C}_{\boldsymbol{1}}^\top \boldsymbol{C}_{\boldsymbol{1}})} = \lim_{T\to\infty} \frac{\gamma_{1,k}}{\operatorname{tr}(\boldsymbol{A}\boldsymbol{C}_{\boldsymbol{1}}^\top \boldsymbol{C}_{\boldsymbol{1}})} = \frac{8}{\pi^2(2k-1)^2}$$

引理 4.9 令 $\boldsymbol{A}$ 满足假设 4.3, 对任意 $\epsilon>0$, 我们可以找到 T_0 和 k_0, 其中 k_0 是独立于 T 的常数, 使得当 $T\geqslant T_0$ 时, 有

$$\left|\frac{\sum_{k>k_0}\beta_{1,k}}{\gamma_{1,1}}\right|<\epsilon \tag{4.35}$$

引理 4.10 令 $\boldsymbol{A}$ 满足假设 4.3, 对任意 $\epsilon>0$, 我们可以找到 T_0 和 k_0, 其中 k_0 是独立于 T 的常数, 使得当 $T\geqslant T_0$ 时, 有

$$\left|\frac{\sum_{k>k_0}\beta_{\varphi,k}}{\gamma_{\varphi,1}}\right|<\epsilon \tag{4.36}$$

证明 [引理 4.2 的证明]

令 $\boldsymbol{M_T}=(\boldsymbol{C}_{\boldsymbol{\varphi}}^{\top}\boldsymbol{C}_{\boldsymbol{\varphi}})^{-1}$. 定义 $\boldsymbol{M_T}$ 的特征函数为 $g_T(\lambda)=\det(\lambda\boldsymbol{I_T}-\boldsymbol{M_T})$. 验证逆矩阵 $\boldsymbol{C}_{\boldsymbol{\varphi}}^{-1}$ 为 $T\times T$ 下三角矩阵, 且其元素具有以下形式:

$$C_{\varphi,ij}^{-1}=\begin{cases}1 & (i=j)\\ -\varphi & (i=j+1)\\ 0 & (\text{otherwise})\end{cases}$$

由此可知 $\boldsymbol{M_T}=(\boldsymbol{C}_{\boldsymbol{\varphi}}^{\top}\boldsymbol{C}_{\boldsymbol{\varphi}})^{-1}$ 的元素 $M_{i,j}$ 满足以下形式:

$$M_{ij}=\begin{cases}1 & (i=j=1)\\ 1+\varphi^2 & (i=j>1)\\ -\varphi & (|i-j|=1)\\ 0 & (\text{otherwise})\end{cases}$$

由此可以得到递推式如下:

$$g_T(\lambda)=(\lambda-1-\varphi^2)g_{T-1}(\lambda)-\varphi^2 g_{T-2}(\lambda) \tag{4.37}$$

先考虑 $\lambda\in(0,4)$, 我们可以写出 $\lambda=\lambda(\theta)=1+\varphi^2+2\varphi\cos\theta$. 我们解方程 (4.37) 可得

$$g_T(\lambda)=\frac{\varphi^{T+1}\sin T\theta+\varphi^T\sin(T+1)\theta}{\sin\theta}$$

当 $\sin\theta\neq 0$ 时, $g_T(\lambda)=0$ 等价于 $\varphi\sin T\theta+\sin(T+1)\theta=0$.

令 $h_T(\theta)=\varphi\sin T\theta+\sin(T+1)\theta$, 对任意 $1\leqslant k\leqslant T$, 则有

$$h_T\left(\frac{k\pi}{T+1/2}\right)=\varphi\sin\frac{kT\pi}{T+1/2}+\sin\frac{k(T+1)\pi}{T+1/2}=(-1)^k(1-\varphi)\sin\frac{2k\pi}{2T+1} \tag{4.38}$$

$$h_T\left(\frac{k\pi}{T+1}\right)=\varphi\sin\frac{kT\pi}{T+1}=\varphi(-1)^{k-1}\sin\frac{(T+1-k)\pi}{T+1} \tag{4.39}$$

综上, 存在 $\theta_{\varphi,T+1-k}\in\left[\frac{k\pi}{T+1},\frac{k\pi}{T+1/2}\right]$ 使得 $h_T(\theta_{\varphi,k})=0$. 因此式 (4.22) 已经给出了满足 $h_T(\theta)=0$ 的 T 个不同的解且 $\sin\theta\neq 0$;此外, $g_T(\lambda)=0$ 至多只有 T 个解. 由此完成了式 (4.22) 的证明.

证明 [引理 4.4 的证明]

回顾引理 4.2的证明, $\theta_{\varphi,k}\in\Big[\frac{(T+1-k)\pi}{T+1},\frac{(T+1-k)\pi}{T+1/2}\Big)$. 可以发现, 对任意固定的 k $T^2(1+\cos\theta_{\varphi,k})$ 和 $T^2(1-\varphi)^2$ 有界. 因此, 可以证明式 (4.25).

$$\begin{aligned}\lambda_{1,k}-\lambda_{\varphi,k}&=\frac{1}{2+2\cos\theta_{1,k}}-\frac{1}{1+\varphi^2+2\varphi\cos\theta_{\varphi,k}}\\&=\frac{(1-\varphi)^2+2(\varphi-1)(1+\cos\theta_{\varphi,k})+2(\cos\theta_{\varphi,k}-\cos\theta_{1,k})}{(2+2\cos\theta_{1,k})(1+\varphi^2+2\varphi\cos\theta_{\varphi,k})}\end{aligned} \tag{4.40}$$

对任意 k, 可定义为

$$\bar{w}_k=\theta_{1,k}-\theta_{\varphi,k}=\frac{(T+1-k)\pi}{T+1/2}-\theta_{\varphi,k} \tag{4.41}$$

当 $0<\bar{w}_{T-k+1}\leqslant\frac{k\pi}{T(2T+1)}$ 时, 则有

$$\frac{\lambda_{1,k}-\lambda_{\varphi,k}}{\lambda_{1,k}}=\frac{(1-\varphi)^2+2(\varphi-1)(1+\cos\theta_{\varphi,k})+4\sin(\theta_{1,k}-\frac{\bar{w}_k}{2})\sin\frac{\bar{w}_k}{2}}{1+\varphi^2+2\varphi\cos\theta_{\varphi,k}} \tag{4.42}$$

$$0<\frac{(1-\varphi)^2}{1+\varphi^2+2\varphi\cos\theta_{\varphi,k}}\leqslant\frac{\lambda_{1,1}}{T^2}T^2(1-\varphi)^2 \tag{4.43}$$

$$\left|\frac{(\varphi-1)(1+\cos\theta_{\varphi,k})}{1+\varphi^2+2\varphi\cos\theta_{\varphi,k}}\right|=(1-\varphi)\left|\frac{(1+\cos\theta_{\varphi,k})}{(1-\varphi)^2+2\varphi(1+\cos\theta_{\varphi,k})}\right|\leqslant\frac{1-\varphi}{2\varphi} \tag{4.44}$$

此时考虑 $\sin(\theta_{1,k}-\frac{\bar{w}_k}{2})\sin\frac{\bar{w}_k}{2}$, 那么需要研究 $\bar{w}_k$ 和 φ 的关系. 从式 (4.23) 中可以发现

$$(1-\varphi)\sin T\theta_{\varphi,k}=\sin T\theta_{\varphi,k}+\sin(T+1)\theta_{\varphi,k}=2\sin(T+1/2)\theta_{\varphi,k}\cos\frac{\theta_{\varphi,k}}{2}$$

进而可得

$$(1-\varphi)\sin\Big[\frac{T(T+1-k)\pi}{T+1/2}-T\bar{w}_k\Big]=2\sin\Big[(T+1-k)\pi-(T+1/2)\bar{w}_k\Big]\cos\frac{\theta_{\varphi,k}}{2}$$

这说明

$$(1-\varphi)\sin\Big[(T+1-k)\pi-\frac{T+1-k}{2T+1}\pi-T\bar{w}_k\Big]$$

$$= 2\sin\left[(T+1-k)\pi - (T+1/2)\bar{w}_k\right]\cos\frac{\theta_{\varphi,k}}{2}$$

$$(1-\varphi)\sin\left(\frac{T+1-k}{2T+1}\pi + T\bar{w}_k\right) = 2\sin\left[(T+1/2)\bar{w}_k\right]\cos\frac{\theta_{\varphi,k}}{2}$$

进一步地, 可以发现

$$(1-\varphi)\sin\left(\frac{T+1-k}{2T+1}\pi\right)\cos T\bar{w}_k + (1-\varphi)\sin T\bar{w}_k\cos\left(\frac{T+1-k}{2T+1}\pi\right)$$
$$= 2\sin(T+1/2)\bar{w}_k\cos\frac{\theta_{\varphi,k}}{2}$$

注意 $0 < \bar{w}_{T-k+1} \leqslant k\pi/(2T^2+T)$ 且 $\theta_{\varphi,k} \in \left[\dfrac{(T+1-k)\pi}{T+1}, \dfrac{(T+1-k)\pi}{T+1/2}\right]$, 因此有

$$\sin\left\{(T+1/2)\bar{w}_k\right\}\cos\frac{\theta_{\varphi,k}}{2} \neq 0$$

继而有

$$(1-\varphi)\frac{\sin\dfrac{T+1-k}{2T+1}\pi\cos T\bar{w}_k}{2\sin\left[(T+1/2)\bar{w}_k\right]\cos\dfrac{\theta_{\varphi,k}}{2}} + (1-\varphi)\frac{\sin T\bar{w}_k\cos\dfrac{T+1-k}{2T+1}\pi}{2\sin\left[(T+1/2)\bar{w}_k\right]\cos\dfrac{\theta_{\varphi,k}}{2}} = 1 \tag{4.45}$$

注意 $0 < T\bar{w}_k < (T+1/2)\bar{w}_k \leqslant \dfrac{T+1-k\pi}{2T} \leqslant \dfrac{\pi}{2}$ 且有

$$0 < \frac{\sin T\bar{w}_k}{\sin\left[(T+1/2)\bar{w}_k\right]} < 1 \tag{4.46}$$

类似地, 由于 $\theta_{\varphi,k} \in \left[\dfrac{(T+1-k)\pi}{T+1}, \dfrac{(T+1-k)\pi}{T+1/2}\right)$, 则有

$$0 < \frac{\cos\dfrac{T+1-k}{2T+1}\pi}{\cos\dfrac{(T+1-k)\pi}{2T+2}} < \frac{\cos\dfrac{T+1-k}{2T+1}\pi}{\cos\dfrac{\theta_{\varphi,k}}{2}} < \frac{\cos\dfrac{T+1-k}{2T+1}\pi}{\cos\dfrac{(T+1-k)\pi}{2T+1}} = 1 \tag{4.47}$$

式 (4.46) ~ 式 (4.47) 说明

$$0 < (1-\varphi)\frac{\sin T\bar{w}_k\cos\dfrac{T+1-k}{2T+1}\pi}{2\sin\left[(T+1/2)\bar{w}_k\right]\cos\dfrac{\theta_{\varphi,k}}{2}} < \frac{1-\varphi}{2}$$

这一点和式 (4.45) 一起说明了

$$\left|1-(1-\varphi)\frac{\sin\dfrac{T+1-k}{2T+1}\pi\cos T\bar{w}_k}{2\sin\left[(T+1/2)\bar{w}_k\right]\cos\dfrac{\theta_{\varphi,k}}{2}}\right| < \frac{1-\varphi}{2} \tag{4.48}$$

注意

$$\frac{\sin\left[(T+1/2)\bar{w}_k\right]}{\cos(T\bar{w}_k)}=\tan(T\bar{w}_k)\cos\frac{\bar{w}_k}{2}+\sin\frac{\bar{w}_k}{2}$$

且

$$\frac{\sin\dfrac{T+1-k}{2T+1}\pi}{2\cos\dfrac{\theta_{\varphi,k}}{2}}>0.$$

式 (4.48) 说明

$$\frac{2-2\varphi}{3-\varphi}\frac{\sin\dfrac{T+1-k}{2T+1}\pi}{2\cos\dfrac{\theta_{\varphi,k}}{2}}<\tan(T\bar{w}_k)\cos\frac{\bar{w}_k}{2}+\sin\frac{\bar{w}_k}{2}<\frac{2-2\varphi}{1+\varphi}\frac{\sin\dfrac{T+1-k}{2T+1}\pi}{2\cos\dfrac{\theta_{\varphi,k}}{2}} \tag{4.49}$$

由于 $\theta_{\varphi,k}\in\left[\dfrac{(T+1-k)\pi}{T+1},\dfrac{(T+1-k)\pi}{T+1/2}\right)$, 我们可得

$$0<\frac{\sin\dfrac{T+1-k}{2T+1}\pi}{2\dfrac{T}{k}\cos\dfrac{\theta_{\varphi,k}}{2}}<\frac{1}{2\dfrac{T}{k}\cos\dfrac{(T+1-k)\pi}{2T+1}}<\frac{\gamma_0}{2} \tag{4.50}$$

其中 γ_0 是一个与 T 和 k 无关的常数.

进一步地, 由于 $0<\bar{w}_k\leqslant\dfrac{(T-k+1)\pi}{T(2T+1)}<\dfrac{\pi}{2T}$, 故有

$$\cos\frac{\bar{w}_k}{2}=1+O\left[\frac{(T-k+1)^2}{T^4}\right] \tag{4.51}$$

$$\sin\frac{\bar{w}_k}{2}=O\left(\frac{\tan T\bar{w}_k}{T}\right) \tag{4.52}$$

式 (4.49) ~ 式 (4.52) 说明:存在一个与 T 和 k 无关的常数 γ_1 使得

$$|\tan(T\bar{w}_k)|\leqslant\frac{T}{k}(1-\varphi)\gamma_1 \tag{4.53}$$

因此, 存在一个与 T 和 k 无关的常数 γ_2 使得

$$|\bar{w}_k|\leqslant\frac{1-\varphi}{k}\gamma_2 \tag{4.54}$$

$$|\sin(\theta_{1,k}-\frac{\bar{w}_k}{2})\sin\frac{\bar{w}_k}{2}|\leqslant\frac{1-\varphi}{T}\gamma_2 \tag{4.55}$$

式 (4.42) ~ 式 (4.44) 以及式 (4.18)、式 (4.25)、式 (4.55) 一起说明了当 T 充分大时, 存在一个常数 $\gamma>0$ 使得对任意 k, 有

$$\frac{\lambda_{1,k}-\lambda_{\varphi,k}}{\lambda_{1,k}}\leqslant\gamma T(1-\varphi) \tag{4.56}$$

引理 4.5 可以由计算和以下事实证明

$$\sin(k+j)\theta+\sin(k-j)\theta=2\sin k\theta\cos j\theta \tag{4.57}$$

在此, 笔者不做详细计算.

证明 [引理 4.6 的证明]

从式 (4.27) 中可以得到

$$|x_{k,j}|\leqslant 1$$

因此, 引理 4.6 可以被直接计算而证明.

证明 [引理 4.7 的证明]

我们先证明 (4.32) .

$$\begin{aligned}&\left|\left[a_0+2\sum_{1\leqslant j\leqslant T-1}a_j(-1)^j\cos(j\theta_{\varphi,k})\right]-\left(a_0+2\sum_{1\leqslant j\leqslant\infty}a_j\right)\right|\\&\quad\leqslant 2\sum_{1\leqslant j\leqslant T-1}|a_j||\cos[j(\pi-\theta_{\varphi,k})]-1|+2\sum_{T\leqslant j}|a_j|.\end{aligned}\tag{4.58}$$

对一个确定的 k, 可以找到一个 j_k 满足 $\pi/3\leqslant j(\pi-\theta_{\varphi,k})\leqslant\pi/2$, 进而有

$$\begin{aligned}&2\sum_{1\leqslant j\leqslant j_k}|a_j|\left|\cos[j(\pi-\theta_{\varphi,k})]-1\right|\leqslant\frac{1}{2}\sum_{1\leqslant j\leqslant j_k}|a_j|j^2(\pi-\theta_{\varphi,k})^2\\&\quad\leqslant\frac{j_k(\pi-\theta_{\varphi,k})^2}{2}\sum_{1\leqslant j\leqslant j_k}j|a_j|\leqslant\frac{k\pi^2}{4(T+1)}\sum_{1\leqslant j\leqslant\infty}j|a_j|\end{aligned}\tag{4.59}$$

$$\begin{aligned}&2\sum_{j_k<j\leqslant T-1}|a_j||\cos[j(\pi-\theta_{\varphi,k})]-1|+2\sum_{T\leqslant j}|a_j|\\&\quad\leqslant 4\sum_{j\geqslant j_k}|a_j|\leqslant j_k^{-1}4\sum_{j\geqslant j_k}j|a_j|\leqslant\frac{3(2k-1)}{2T+1}\sum_{1\leqslant j\leqslant\infty}j|a_j|\end{aligned}\tag{4.60}$$

假设 4.3 说明

$$\sum_{i=0}^{\infty}i|a_i|<\infty \tag{4.61}$$

由假设 4.3、式 (4.61) 和截断条件可得

$$\begin{aligned}\lim_{T\to\infty}\left[a_0+2\sum_{1\leqslant j\leqslant T-1}a_j(-1)^j\cos(j\theta_{\varphi,k})\right]&=\lim_{T\to\infty}\left(a_0+2\sum_{1\leqslant j\leqslant\infty}a_j\right)\\&=(\sum_{i=0}^{\infty}b_i)^2=s^2>0\end{aligned}\tag{4.62}$$

根据式 (4.25)、式 (4.31) 和式 (4.62), 可以证明式 (4.32).

接下来考虑 $\boldsymbol{A}\boldsymbol{C}_\varphi^\top\boldsymbol{C}_\varphi$ 的特征根. 根据引理 4.2~4.6, 我们可以把 $\boldsymbol{C}_\varphi^\top\boldsymbol{C}_\varphi$ 写成 $\boldsymbol{V}_\varphi^\top\boldsymbol{\Lambda}_\varphi^{1/2}\boldsymbol{\Lambda}_\varphi^{1/2}\boldsymbol{V}_\varphi$, 其中

$$\boldsymbol{\Lambda}_{\boldsymbol{\varphi}} = \operatorname{diag}\{\lambda_{\varphi,1},\cdots,\lambda_{\varphi,T}\},\quad \boldsymbol{V}_\varphi^\top = (\tilde{\boldsymbol{y}}_{\boldsymbol{1}},\cdots,\tilde{\boldsymbol{y}}_{\boldsymbol{T}}) \tag{4.63}$$

那么, 只需要考虑 $\boldsymbol{M}_{\boldsymbol{a},\varphi} = \boldsymbol{\Lambda}_\varphi^{1/2}\boldsymbol{V}_\varphi\boldsymbol{A}\boldsymbol{V}_\varphi^\top\boldsymbol{\Lambda}_\varphi^{1/2}$ 的特征根. 定义 $\boldsymbol{M}_{\boldsymbol{a},\varphi}$ 的第 (i,j) 个元素为 $\grave{M}_{i,j}$, 可以得到

$$\grave{M}_{i,j} = \lambda_{\varphi,i}^{1/2}\lambda_{\varphi,j}^{1/2}\tilde{\boldsymbol{y}}_{\boldsymbol{i}}^\top A\tilde{\boldsymbol{y}}_{\boldsymbol{j}} = \frac{\lambda_{\varphi,i}^{1/2}\lambda_{\varphi,j}^{1/2}}{\|\tilde{\boldsymbol{x}}_{\boldsymbol{i}}\|\|\tilde{\boldsymbol{x}}_{\boldsymbol{j}}\|}\tilde{\boldsymbol{x}}_{\boldsymbol{i}}^\top A\tilde{\boldsymbol{x}}_{\boldsymbol{j}}$$

$$\tilde{\boldsymbol{x}}_{\boldsymbol{i}}^\top A\tilde{\boldsymbol{x}}_{\boldsymbol{j}} = a_0\sum_{h=1}^{T}x_{ih}x_{jh} + \sum_{h=1}^{T-1}a_h\Big(\sum_{f=1}^{T-h}x_{if}x_{j,f+h} + \sum_{f=h+1}^{T}x_{if}x_{j,f-h}\Big)$$

回顾 $x_{j,f-h}+x_{j,f+h} = 2(-1)^h x_{jf}\cos(h\theta_{\varphi,j})$, 则有

$$\begin{aligned}\tilde{\boldsymbol{x}}_{\boldsymbol{i}}^\top A\tilde{\boldsymbol{x}}_{\boldsymbol{j}} &= \Big[a_0 + 2\sum_{h=1}^{T-1}a_h(-1)^h\cos(h\theta_{\varphi,j})\Big]\Big(\sum_{h=1}^{T}x_{ih}x_{jh}\Big)\\ &\quad -\sum_{h=1}^{T-1}a_h\Big(\sum_{f=T-h+1}^{T}x_{if}x_{j,f+h} + \sum_{f=1}^{h}x_{if}x_{j,f-h}\Big)\end{aligned} \tag{4.64}$$

$$\sum_{h=1}^{T}x_{ih}x_{jh} = 1\{i=j\}\|\tilde{\boldsymbol{x}}_{\boldsymbol{i}}\|\|\tilde{\boldsymbol{x}}_{\boldsymbol{j}}\|$$

$$\left|\sum_{h=1}^{T-1}a_h\Big(\sum_{f=T-h+1}^{T}x_{if}x_{j,f+h} + \sum_{f=1}^{h}x_{if}x_{j,f-h}\Big)\right| \leqslant 2\sum_{h=1}^{T-1}h|a_h|$$

因此有

$$\boldsymbol{M}_{\boldsymbol{a},\varphi} = \boldsymbol{M}_{\boldsymbol{a},\varphi,\boldsymbol{R}} + \operatorname{diag}\{\gamma_{\varphi,1},\cdots,\gamma_{\varphi,T}\} = \boldsymbol{M}_{\boldsymbol{a},\varphi,\boldsymbol{R}} + \boldsymbol{\Lambda}_{\boldsymbol{a},\varphi,\boldsymbol{M}} \tag{4.65}$$

$$\|\boldsymbol{M}_{\boldsymbol{a},\varphi,\boldsymbol{R}}\|_2^2 \leqslant \sum_{i=1}^{T}\sum_{j=1}^{T}\frac{\lambda_{\varphi,i}\lambda_{\varphi,j}}{\|\tilde{\boldsymbol{x}}_{\boldsymbol{i}}\|^2\|\tilde{\boldsymbol{x}}_{\boldsymbol{j}}\|^2}\Big(2\sum_{h=1}^{T-1}h|a_h|\Big)^2 = O\Big(\frac{\lambda_{\varphi,1}^2}{T^2}\Big) = O(T^2) \tag{4.66}$$

这些和式 (4.32) 证明了式 (4.33).

证明 [引理 4.10 的证明]

根据式 (4.26), 可以得出

$$\Big|\sum_{k>k_0}\beta_{\varphi,k}\Big| < [1+\gamma T(1-\varphi)]\Big|\sum_{k>k_0}\beta_{1,k}\Big| \tag{4.67}$$

这一结果与式 (4.25) 和式 (4.35) 证明了式 (4.36).

接下来, 笔者将给出 $\boldsymbol{C}_\varphi\boldsymbol{A}\boldsymbol{C}_\varphi^\top$ 特征向量的一些相关引理. 回顾式 (4.29), 我们可以标准化 $\{\tilde{\boldsymbol{x}}_{\boldsymbol{k}}\}_{1\leqslant k\leqslant T}$, 得到 $\{\tilde{\boldsymbol{y}}_{\boldsymbol{k}}\}_{1\leqslant k\leqslant T}$. 接下来的目标是用 $\{\tilde{\boldsymbol{y}}_{\boldsymbol{k}}\}_{1\leqslant k\leqslant T}$ 的线

性组合表示 $\boldsymbol{A}\boldsymbol{C}_{\varphi}^{\top}\boldsymbol{C}_{\varphi}$ 的特征向量. 最终我们可以给出 $\boldsymbol{C}_{\varphi}\boldsymbol{A}\boldsymbol{C}_{\varphi}^{\top}$ 特征向量相关结果, 这些结果将在下文的证明中用到.

引理 4.11 令 $\{\boldsymbol{u_k}\}_{1\leqslant k\leqslant T}$ 是正交的实向量, 使得 $\|\boldsymbol{u_k}\|=1$ 且

$$\boldsymbol{C}_{\varphi}\boldsymbol{A}\boldsymbol{C}_{\varphi}^{\top}\boldsymbol{u_k}=\beta_{\varphi,k}\boldsymbol{u_k} \tag{4.68}$$

定义 $\boldsymbol{f_k}=\dfrac{\boldsymbol{C}_{\varphi}^{-1}\boldsymbol{u_k}}{\|\boldsymbol{C}_{\varphi}^{-1}\boldsymbol{u_k}\|}$, 使得

$$\boldsymbol{f_k}=\sum_{j=1}^{T}\alpha_{kj}\boldsymbol{y_j} \tag{4.69}$$

其中

$$\sum_{j=1}^{T}\alpha_{kj}^2=1 \tag{4.70}$$

当 $k\geqslant 1$ 确定时, 有

$$\frac{\alpha_{kk}^2\lambda_{\varphi,k}}{\sum\limits_{j=1}^{T}\alpha_{kj}^2\lambda_{\varphi,j}}=1+O(T^{-1}) \tag{4.71}$$

其中 $\{\lambda_{\varphi,j}\}$ 在引理 4.2 中给出.

引理 4.12 令

$$(S_{k,1},\cdots,S_{k,T+l})^{\top}=\boldsymbol{s_k}=\frac{\boldsymbol{F}^{\top}\boldsymbol{C}_{\varphi}^{\top}\boldsymbol{u_k}}{\gamma_{\varphi,1}^{1/2}}$$

则 $\{\boldsymbol{s_k}\}_{1\leqslant k\leqslant T}$ 是正交的且有

$$\sum_{j=1}^{T+l}S_{k,j}^4=O(T^{-1}) \tag{4.72}$$

证明 [引理 4.11 的证明]

根据 $\boldsymbol{f_k}=\dfrac{\boldsymbol{C}_{\varphi}^{-1}\boldsymbol{u_k}}{\|\boldsymbol{C}_{\varphi}^{-1}\boldsymbol{u_k}\|}$ 和式 (4.68), 则有 $\|\boldsymbol{f_k}\|=1$ 且

$$\boldsymbol{A}\boldsymbol{C}_{\varphi}^{\top}\boldsymbol{C}_{\varphi}\boldsymbol{f_k}=\beta_{\varphi,k}\boldsymbol{f_k} \tag{4.73}$$

根据式 (4.65) 和式 (4.73), 则有

$$\beta_{\varphi,k}=\frac{\boldsymbol{f_k}^{\top}\boldsymbol{C}_{\varphi}^{\top}\boldsymbol{C}_{\varphi}\boldsymbol{A}\boldsymbol{C}_{\varphi}^{\top}\boldsymbol{C}_{\varphi}\boldsymbol{f_k}}{\|\boldsymbol{C}_{\varphi}\boldsymbol{f_k}\|^2}=\frac{\boldsymbol{f_k}^{\top}\boldsymbol{V}_{\varphi}^{\top}\boldsymbol{\varLambda}_{\varphi}^{1/2}(\boldsymbol{\varLambda}_{\boldsymbol{a},\varphi,\boldsymbol{M}}+\boldsymbol{M}_{\boldsymbol{a},\varphi,\boldsymbol{R}})\boldsymbol{\varLambda}_{\varphi}^{1/2}\boldsymbol{V}_{\varphi}\boldsymbol{f_k}}{\|\boldsymbol{C}_{\varphi}\boldsymbol{f_k}\|^2}$$

继而有

$$\frac{|\boldsymbol{f}_{\boldsymbol{k}}^{\top}\boldsymbol{V}_{\varphi}^{\top}\boldsymbol{\Lambda}_{\varphi}^{1/2}\boldsymbol{\Lambda}_{\boldsymbol{a},\varphi,\boldsymbol{M}}\boldsymbol{\Lambda}_{\varphi}^{1/2}\boldsymbol{V}_{\varphi}\boldsymbol{f}_{\boldsymbol{k}}|-|\boldsymbol{f}_{\boldsymbol{k}}^{\top}\boldsymbol{V}_{\varphi}^{\top}\boldsymbol{\Lambda}_{\varphi}^{1/2}\boldsymbol{M}_{\boldsymbol{a},\varphi,\boldsymbol{R}}\boldsymbol{\Lambda}_{\varphi}^{1/2}\boldsymbol{V}_{\varphi}\boldsymbol{f}_{\boldsymbol{k}}|}{\|\boldsymbol{C}_{\varphi}\boldsymbol{f}_{\boldsymbol{k}}\|^2}\leqslant\beta_{\varphi,k} \tag{4.74}$$

和

$$\beta_{\varphi,k}\leqslant\frac{|\boldsymbol{f}_{\boldsymbol{k}}^{\top}\boldsymbol{V}_{\varphi}^{\top}\boldsymbol{\Lambda}_{\varphi}^{1/2}\boldsymbol{\Lambda}_{\boldsymbol{a},\varphi,\boldsymbol{M}}\boldsymbol{\Lambda}_{\varphi}^{1/2}\boldsymbol{V}_{\varphi}\boldsymbol{f}_{\boldsymbol{k}}|+|\boldsymbol{f}_{\boldsymbol{k}}^{\top}\boldsymbol{V}_{\varphi}^{\top}\boldsymbol{\Lambda}_{\varphi}^{1/2}\boldsymbol{M}_{\boldsymbol{a},\varphi,\boldsymbol{R}}\boldsymbol{\Lambda}_{\varphi}^{1/2}\boldsymbol{V}_{\varphi}\boldsymbol{f}_{\boldsymbol{k}}|}{\|\boldsymbol{C}_{\varphi}\boldsymbol{f}_{\boldsymbol{k}}\|^2} \tag{4.75}$$

根据式 (4.28)、式 (4.29)、式 (4.63) 和式 (4.69), 则有

$$\|\boldsymbol{C}_{\varphi}\boldsymbol{f}_{\boldsymbol{k}}\|^2=\sum_{j=1}^{T}\alpha_{kj}^2\lambda_{\varphi,j} \tag{4.76}$$

式 (4.28)、式 (4.29)、式 (4.65) 和式 (4.69) 说明了

$$\boldsymbol{f}_{\boldsymbol{k}}^{\top}\boldsymbol{V}_{\varphi}^{\top}\boldsymbol{\Lambda}_{\varphi}^{1/2}\boldsymbol{\Lambda}_{\boldsymbol{a},\varphi,\boldsymbol{M}}\boldsymbol{\Lambda}_{\varphi}^{1/2}\boldsymbol{V}_{\varphi}\boldsymbol{f}_{\boldsymbol{k}}=\sum_{j=1}^{T}\alpha_{kj}^2\gamma_{\varphi,j}\lambda_{\varphi,j} \tag{4.77}$$

根据式 (4.66), 则有

$$\frac{|\boldsymbol{f}_{\boldsymbol{k}}^{\top}\boldsymbol{V}_{\varphi}^{\top}\boldsymbol{\Lambda}_{\varphi}^{1/2}\boldsymbol{M}_{\boldsymbol{a},\varphi,\boldsymbol{R}}\boldsymbol{\Lambda}_{\varphi}^{1/2}\boldsymbol{V}_{\varphi}\boldsymbol{f}_{\boldsymbol{k}}|}{\|\boldsymbol{C}_{\varphi}\boldsymbol{f}_{\boldsymbol{k}}\|^2}\leqslant\|\boldsymbol{M}_{\boldsymbol{a},\varphi,\boldsymbol{R}}\|_2=O(T)$$

上述与式 (4.74) ~ 式 (4.77) 一起说明了

$$\frac{\sum\limits_{j=1}^{T}\alpha_{kj}^2\gamma_{\varphi,j}\lambda_{\varphi,j}}{\sum\limits_{j=1}^{T}\alpha_{kj}^2\lambda_{\varphi,j}}-O(T)\leqslant\beta_{\varphi,k}\leqslant\frac{\sum\limits_{j=1}^{T}\alpha_{kj}^2\gamma_{\varphi,j}\lambda_{\varphi,j}}{\sum\limits_{j=1}^{T}\alpha_{kj}^2\lambda_{\varphi,j}}+O(T)$$

根据引理 4.7, 对任意 k, 有

$$\sum_{j=1}^{T}\frac{\alpha_{kj}^2\lambda_{\varphi,j}}{\sum\limits_{j=1}^{T}\alpha_{kj}^2\lambda_{\varphi,j}}\frac{\gamma_{\varphi,j}}{\beta_{\varphi,k}}-O(T^{-1})\leqslant 1\leqslant\sum_{j=1}^{T}\frac{\alpha_{kj}^2\lambda_{\varphi,j}}{\sum\limits_{j=1}^{T}\alpha_{kj}^2\lambda_{\varphi,j}}\frac{\gamma_{\varphi,j}}{\beta_{\varphi,k}}+O(T^{-1}) \tag{4.78}$$

注意: $\{\boldsymbol{u}_{\boldsymbol{k}}\}_{1\leqslant k\leqslant T}$ 是正交的且 $\{\tilde{\boldsymbol{y}}_{\boldsymbol{k}}\}_{1\leqslant k\leqslant T}$ 是正交的. 当 $k\neq m$ 时, 从式 (4.28)、式 (4.29) 和式 (4.69) 可得

$$0=\boldsymbol{u}_{\boldsymbol{k}}^{\top}\boldsymbol{u}_{\boldsymbol{m}}=\frac{\boldsymbol{f}_{\boldsymbol{k}}^{\top}\boldsymbol{C}_{\varphi}^{\top}\boldsymbol{C}_{\varphi}\boldsymbol{f}_{\boldsymbol{m}}}{\|\boldsymbol{C}_{\varphi}\boldsymbol{f}_{\boldsymbol{k}}\|\|\boldsymbol{C}_{\varphi}\boldsymbol{f}_{\boldsymbol{m}}\|}=\frac{\sum\limits_{j=1}^{T}\alpha_{kj}\alpha_{mj}\lambda_{\varphi,j}}{\|\boldsymbol{C}_{\varphi}\boldsymbol{f}_{\boldsymbol{k}}\|\|\boldsymbol{C}_{\varphi}\boldsymbol{f}_{\boldsymbol{m}}\|}$$

这说明了

$$\sum_{j=1}^{T}\alpha_{kj}\alpha_{mj}\lambda_{\varphi,j}=0 \tag{4.79}$$

进一步地, 令

$$\upsilon_{kj}=\frac{\alpha_{kj}\lambda_{\varphi,j}^{1/2}}{\left(\sum\limits_{j=1}^{T}\alpha_{kj}^{2}\lambda_{\varphi,j}\right)^{1/2}}$$

我们可得

$$\sum_{j=1}^{T}\upsilon_{kj}^{2}=1 \tag{4.80}$$

注意式 (4.78) 等价于

$$\sum_{j=1}^{T}\upsilon_{kj}^{2}\frac{\gamma_{\varphi,j}}{\beta_{\varphi,k}}-O(T^{-1})\leqslant 1\leqslant\sum_{j=1}^{T}\upsilon_{kj}^{2}\frac{\gamma_{\varphi,j}}{\beta_{\varphi,k}}+O(T^{-1}) \tag{4.81}$$

同样地, 式 (4.79) 说明了

$$\sum_{j=1}^{T}\upsilon_{kj}\upsilon_{mj}=0 \tag{4.82}$$

接下来针对确定的 k 考虑 υ_{kj}. 当 $k=1$ 和 T 足够大时, 引理 4.7、式 (4.80) 和式 (4.81) 说明了

$$O(T^{-1})=\left|1-\sum_{j=1}^{T}\upsilon_{1j}^{2}\frac{\gamma_{\varphi,j}}{\beta_{\varphi,1}}\right|\geqslant(1-\upsilon_{11}^{2})\frac{\beta_{\varphi,1}-\gamma_{\varphi,2}}{\beta_{\varphi,1}}-\upsilon_{11}^{2}\frac{|\beta_{\varphi,1}-\gamma_{\varphi,1}|}{\beta_{\varphi,1}} \tag{4.83}$$

根据式 (4.32) ~ 式 (4.33), 则有 $\dfrac{\beta_{\varphi,1}-\gamma_{\varphi,1}}{\beta_{\varphi,1}}=O(T^{-1})$. 回顾 $\theta_{\varphi,k}\in\left[\dfrac{(T+1-k)\pi}{T+1},\dfrac{(T+1-k)\pi}{T+1/2}\right]$, 可以发现 $\left|\dfrac{\beta_{\varphi,1}}{\beta_{\varphi,1}-\gamma_{\varphi,2}}\right|$ 是有界的. 因此式 (4.83) 意味着 $\upsilon_{11}^{2}=1+O(T^{-1})$ 且 $\sum\limits_{j=2}^{T}\upsilon_{1j}^{2}=O(T^{-1})$. 从式 (4.82) 可知, 对任意的 $k\neq 1$, 有

$$|\upsilon_{k1}\upsilon_{11}|=\left|\sum_{j=2}^{T}\upsilon_{kj}\upsilon_{1j}\right|\leqslant\left(\sum_{j=2}^{T}\upsilon_{kj}^{2}\right)^{1/2}\left(\sum_{j=2}^{T}\upsilon_{1j}^{2}\right)^{1/2}=O(T^{-1/2}) \tag{4.84}$$

这说明了 $\upsilon_{k1}^{2}=O(T^{-1})$. 类似地, 可以有 $\upsilon_{22}^{2}=1+O(T^{-1})$ 和 $\upsilon_{k2}^{2}=O(T^{-1})$ 对任意 $k\neq 2$ 成立.

以此类推, 可以得到 $\upsilon_{kk}^{2}=1+O(T^{-1})$ 对任意确定的 k 成立. 这样就证明了式 (4.71) 成立.

证明 [引理 4.12 的证明]

注意 $\{\boldsymbol{u_k}\}_{1\leqslant k\leqslant T}$ 是实正交的, $\{\boldsymbol{s_k}\}_{1\leqslant k\leqslant T}$ 也是实正交的, 那么从式 (4.28) 和式 (4.69) 可得

$$\boldsymbol{s_k}=\frac{\boldsymbol{F}^\top \boldsymbol{C}_\varphi^\top \boldsymbol{C}_\varphi \boldsymbol{f_k}}{\gamma_{\varphi,1}^{1/2}\|\boldsymbol{C}_\varphi \boldsymbol{f_k}\|}=\frac{1}{\gamma_{\varphi,1}^{1/2}\|\boldsymbol{C}_\varphi \boldsymbol{f_k}\|}\sum_{j=1}^{T}\alpha_{kj}\lambda_{\varphi,j}\boldsymbol{F}^\top\tilde{\boldsymbol{y}}_{\boldsymbol{j}}=\boldsymbol{s_{k,M}}+\boldsymbol{s_{k,R}} \tag{4.85}$$

其中

$$\boldsymbol{s_{k,M}}=\frac{1}{\gamma_{\varphi,1}^{1/2}\|\boldsymbol{C}_\varphi \boldsymbol{f_k}\|}\alpha_{kk}\lambda_{\varphi,k}\boldsymbol{F}^\top\tilde{\boldsymbol{y}}_{\boldsymbol{k}},\quad \boldsymbol{s_{k,R}}=\frac{1}{\gamma_{\varphi,1}^{1/2}\|C_\varphi f_k\|}\sum_{j\neq k}\alpha_{kj}\lambda_j\boldsymbol{F}^\top\tilde{\boldsymbol{y}}_{\boldsymbol{j}} \tag{4.86}$$

根据 Hölder's 不等式, 则有

$$\|\boldsymbol{s_{k,R}}\|=\left\|\frac{1}{\gamma_{\varphi,1}^{1/2}\|\boldsymbol{C}_\varphi \boldsymbol{f_k}\|}\sum_{j\neq k}\alpha_{kj}\lambda_{\varphi,j}\boldsymbol{F}^\top\tilde{\boldsymbol{y}}_{\boldsymbol{j}}\right\|\leqslant\frac{1}{\gamma_{\varphi,1}^{1/2}\|\boldsymbol{C}_\varphi \boldsymbol{f_k}\|}\|\boldsymbol{F}\|_2\left(\sum_{j\neq k}\alpha_{kj}^2\lambda_{\varphi,j}^2\right)^{1/2}$$

回顾 $\boldsymbol{A}=\boldsymbol{F}\boldsymbol{F}^\top$, 可有 $\|\boldsymbol{F}\|_2=\|\boldsymbol{A}\|_2^{1/2}$.

由于 $\boldsymbol{A}$ 是一个 Hermitian Toeplitz 矩阵, 根据 Pan、Gao 和 Yang (2014) 的研究, 可有

$$\|\boldsymbol{A}\|_2\leqslant 2\Sigma_{0\leqslant k\leqslant l}|a_k|$$

根据式 (4.61) , 可以得到

$$\|\boldsymbol{F}\|_2=\|\boldsymbol{A}\|_2^{1/2}<\infty$$

从引理 4.3、式 (4.71) 和式 (4.76), 可以得到对任意确定的 k 有

$$\frac{(\Sigma_{j\neq k}\alpha_{kj}^2\lambda_{\varphi,j}^2)^{1/2}}{\|\boldsymbol{C}_\varphi \boldsymbol{f_k}\|}\leqslant\left(\frac{\lambda_{\varphi,1}\Sigma_{j\neq k}\alpha_{kj}^2\lambda_{\varphi,j}}{\sum\limits_{j=1}^{T}\alpha_{kj}^2\lambda_{\varphi,j}}\right)^{1/2}=O(T^{1/2})$$

这和式 (4.32) 一起说明了对任意确定的 k, 有

$$\|\boldsymbol{s_{k,R}}\|=O(T^{-1/2}) \tag{4.87}$$

类似地, 也可以发现 $\dfrac{1}{\gamma_1^{1/2}\|\boldsymbol{C}\boldsymbol{f_k}\|}\alpha_{kk}\lambda_k$ 是有界的, 对任意确定的 k 有限.

令 $S_{k,M,j}$ 是 $\boldsymbol{s_{k,M}}$ 的第 j 个元素且 $S_{k,R,j}$ 是 $\boldsymbol{s_{k,R}}$ 的第 j 个元素. 从式 (4.30)、式 (4.71) 和式 (4.86) 以及假设 4.3, 可以得到对任意确定的 k, 有

$$|S_{k,M,j}|\leqslant\frac{1}{\gamma_{\varphi,1}^{1/2}\|\boldsymbol{C}_\varphi \boldsymbol{f_k}\|}|\alpha_{kk}|\lambda_k\frac{2}{(2T+1)^{1/2}}\sum_{h=0}^{l}|b_h|=O(T^{-1/2}) \tag{4.88}$$

式 (4.85) ~ 式 (4.88) 说明对任意确定的 k, 有

$$\begin{aligned}\sum_{j=1}^{T+l} S_{k,j}^4 &\leqslant 8\sum_{j=1}^{T+l}(S_{k,R,j}^4 + S_{k,M,j}^4)\\ &\leqslant 8\sum_{j=1}^{T+l} S_{k,M,j}^4 + 8\left(\sum_{j=1}^{T+l} S_{k,R,j}^2\right)^2 = O(T^{-1})\end{aligned} \tag{4.89}$$

有了以上引理之后, 截断版本的引理 4.1 可以用第 2 章第 2.4 节相同的方法证明, 并参照定理 2.2 的证明将其推广至非截断版本, 在此不再赘述.

证明 [定理 4.1 的证明]

首先我们给出证明的概要如下：笔者将矩阵按照式 (4.8) 分为三部分, 那么可以证明平稳部分和渐近平稳部分的特征根足够小, 接着又集中于包含了单位根、渐近单位根和渐近爆炸过程的部分；将其每个分量替换为另一个时间序列使得整个矩阵满足可分模型的假设, 并且计算这一替换带来的差异, 进而通过可分模型引理 4.1的结果完成证明.

回顾式 (4.2) 和式 (4.8), 则有

$$\boldsymbol{U}_{\boldsymbol{\Pi},\boldsymbol{i}}^\top \boldsymbol{x}_{\boldsymbol{t}} = \boldsymbol{\Lambda}_{\boldsymbol{\Pi},\boldsymbol{i}} \boldsymbol{U}_{\boldsymbol{\Pi},\boldsymbol{i}}^\top \boldsymbol{x}_{\boldsymbol{t-1}} + \boldsymbol{U}_{\boldsymbol{\Pi},\boldsymbol{i}}^\top \boldsymbol{\Sigma}^{1/2} \boldsymbol{y}_{\boldsymbol{t}}, \quad i=1,2,3 \tag{4.90}$$

我们将矩阵写为

$$\begin{aligned}\frac{1}{n}\boldsymbol{X}\boldsymbol{X}^\top &= \frac{1}{n}\boldsymbol{X}\left(\sum_{i=1}^{3}\boldsymbol{U}_{\boldsymbol{\Pi},\boldsymbol{i}}\boldsymbol{U}_{\boldsymbol{\Pi},\boldsymbol{i}}^\top\right)\boldsymbol{X}^\top\\ &= \sum_{i=1}^{3}\frac{1}{n}\boldsymbol{X}\boldsymbol{U}_{\boldsymbol{\Pi},\boldsymbol{i}}\boldsymbol{U}_{\boldsymbol{\Pi},\boldsymbol{i}}^\top\boldsymbol{X}^\top\end{aligned} \tag{4.91}$$

根据定理 2.1, 可以发现 $\|\frac{1}{n}\boldsymbol{X}\boldsymbol{U}_{\boldsymbol{\Pi},\boldsymbol{3}}\boldsymbol{U}_{\boldsymbol{\Pi},\boldsymbol{3}}^\top\boldsymbol{X}^\top\|_2 = O_p\left(\frac{n_3+T}{n}\right)$. 类似地, 还可以发现 $\boldsymbol{U}_{\boldsymbol{\Pi},\boldsymbol{2}}^\top\boldsymbol{X}^\top$ 第 s 行的模长为 $O_p\left(\sqrt{\frac{T}{1-\varphi_s}}\right)$, 因此 $\|\frac{1}{n}\boldsymbol{X}\boldsymbol{U}_{\boldsymbol{\Pi},\boldsymbol{2}}\boldsymbol{U}_{\boldsymbol{\Pi},\boldsymbol{2}}^\top\boldsymbol{X}^\top\|_2 = O_p\left[\sum_{s=n_1+1}^{n_1+n_2}\frac{T}{n(1-\varphi_s)}\right]$. 回顾式 (4.7) 我们可以发现平稳部分和渐近平稳部分都足够小, 因此接下来集中研究 $\frac{1}{n}\boldsymbol{X}\boldsymbol{U}_{\boldsymbol{\Pi},\boldsymbol{1}}\boldsymbol{U}_{\boldsymbol{\Pi},\boldsymbol{1}}^\top\boldsymbol{X}^\top$.

定义 $\ddot{\boldsymbol{x}}_{\boldsymbol{t}} = \boldsymbol{U}_{\boldsymbol{\Pi},\boldsymbol{1}}^\top\boldsymbol{x}_{\boldsymbol{t}}$, 则

$$\ddot{\boldsymbol{x}}_{\boldsymbol{t}} = \boldsymbol{\Lambda}_{\mathbf{\Pi},\mathbf{1}}\ddot{\boldsymbol{x}}_{\boldsymbol{t-1}} + \boldsymbol{U}_{\mathbf{\Pi},\mathbf{1}}^\top\boldsymbol{\Sigma}^{1/2}\boldsymbol{y}_t \tag{4.92}$$

上式可以改写为

$$\tilde{\boldsymbol{x}}_{\boldsymbol{t}} = \varphi\tilde{\boldsymbol{x}}_{\boldsymbol{t-1}} + \boldsymbol{U}_{\mathbf{\Pi},\mathbf{1}}^\top\boldsymbol{\Sigma}^{1/2}\boldsymbol{y}_t \tag{4.93}$$

对于由 $\{\tilde{\boldsymbol{x}}_{\boldsymbol{t}}\}$ 构成的矩阵 $\tilde{\boldsymbol{X}}$, 可以通过引理 4.1（不要忘了 $\frac{n_1}{n}$）得到其样本协方差矩阵 $\frac{1}{n}\tilde{\boldsymbol{X}}\tilde{\boldsymbol{X}}^\top$ 最大特征根的中心极限定理. 因此, 只需要控制替换后和替换前特征根的差异, 即可证明以下结果：

$$\|\frac{1}{n}\ddot{\boldsymbol{x}}\ddot{\boldsymbol{x}}^\top - \frac{1}{n}\tilde{\boldsymbol{x}}\tilde{\boldsymbol{x}}^\top\|_2 = O_p\left\{\frac{T^4}{n}\operatorname{tr}\left[(\boldsymbol{\Lambda}_{\boldsymbol{\Pi},\mathbf{1}} - \boldsymbol{\varphi}\boldsymbol{I}_{\boldsymbol{n}_1})^2\boldsymbol{\Sigma}_{\boldsymbol{\Pi},\mathbf{1}}\right]\right\} \tag{4.94}$$

最后, 不失一般性地, 令 $\boldsymbol{x}_0 = \ddot{\boldsymbol{x}}_0 = \tilde{\boldsymbol{x}}_0 = \mathbf{0}$, 因此有

$$\ddot{\boldsymbol{x}}_{\boldsymbol{t}} = \sum_{i=0}^{t-1}\boldsymbol{\Lambda}_{\boldsymbol{\Pi},1}^i\boldsymbol{U}_{\boldsymbol{\Pi},\mathbf{1}}^\top\boldsymbol{\Sigma}^{1/2}\boldsymbol{y}_{t-i} \tag{4.95}$$

且

$$\tilde{\boldsymbol{x}}_{\boldsymbol{t}} = \sum_{i=0}^{t-1}\varphi^i\boldsymbol{U}_{\boldsymbol{\Pi},\mathbf{1}}^\top\boldsymbol{\Sigma}^{1/2}\boldsymbol{y}_{t-i} \tag{4.96}$$

定义 $\ddot{x}_{tk}$ 和 $\tilde{x}_{tk}$ 分别为向量 $\ddot{\boldsymbol{x}}_t$ 和 $\tilde{\boldsymbol{x}}_t$ 的第 k 个元素. 令 $\boldsymbol{\Lambda}_{\Pi,1} = \operatorname{diag}\{\varphi_1, \cdots, \varphi_n\}$ 且 $\boldsymbol{U}_{\boldsymbol{\Pi},\mathbf{1}}^\top\boldsymbol{\Sigma}^{1/2}\boldsymbol{y}_t = (\ddot{y}_{t1}, \cdots, \ddot{y}_{tn})^\top$, 则

$$\ddot{x}_{tk} = \sum_{i=0}^{t-1}\varphi_k^i\ddot{y}_{t-i,k} \tag{4.97}$$

且

$$\tilde{x}_{tk} = \sum_{i=0}^{t-1}\varphi^i\ddot{y}_{t-i,k} \tag{4.98}$$

进而有矩阵 $\frac{1}{n}\ddot{x}^\top\ddot{x}$ 的第 (t,s) 个元素为

$$\ddot{B}_{ts} = \frac{1}{n}\sum_{k=1}^{n_1}\ddot{x}_{tk}\ddot{x}_{sk} \tag{4.99}$$

以及矩阵 $\frac{1}{n}\tilde{x}^\top\tilde{x}$ 的第 (t,s) 个元素为

$$\tilde{B}_{ts} = \frac{1}{n}\sum_{k=1}^{n_1}\tilde{x}_{tk}\tilde{x}_{sk} \tag{4.100}$$

式 (4.97) ~ 式 (4.100) 和泰勒展开式显示

$$\begin{aligned}
&\ddot{B}_{ts} - \tilde{B}_{ts} \\
&= \frac{1}{n}\sum_{k=1}^{n_1}\left[\left(\sum_{i=0}^{t-1}\varphi_k^i\ddot{y}_{t-i,k}\right)\left(\sum_{i=0}^{s-1}\varphi_k^i\ddot{y}_{s-i,k}\right) - \left(\sum_{i=0}^{t-1}\varphi^i\ddot{y}_{t-i,k}\right)\left(\sum_{i=0}^{s-1}\varphi^i\ddot{y}_{s-i,k}\right)\right] \\
&= \frac{1}{n}\sum_{k=1}^{n_1}\sum_{i=0}^{t-1}\sum_{j=0}^{s-1}(\varphi_k^{i+j} - \varphi^{i+j})\ddot{y}_{t-i,k}\ddot{y}_{s-j,k}
\end{aligned}$$

$$
= \frac{1}{n}\sum_{i=0}^{t-1}\sum_{j=0}^{s-1}\sum_{k=1}^{n_1}\Bigg[(i+j)(\varphi_k-\varphi) + C_{i+j,k}\frac{(i+j)(i+j-1)(\varphi_k-\varphi)^2}{2}\Bigg]\ddot{y}_{t-i,k}\ddot{y}_{s-j,k} \tag{4.101}
$$

令 Ω_{kk} 是矩阵 $\boldsymbol{\Sigma_{\Pi,1}}$r 的第 k 个对角线元素. 由式 (4.10) 和假设 4.3, 我们发现

$$
\begin{aligned}
&E(\ddot{B}_{ts}-\tilde{B}_{ts})\\
&= \frac{1}{n}\sum_{i=0}^{t-1}\sum_{j=0}^{s-1}\sum_{k=1}^{n_1}\Bigg[(i+j)(\varphi_k-\varphi) + C_{i+j,k}\frac{(i+j)(i+j-1)(\varphi_k-\varphi)^2}{2}\Bigg]E\ddot{y}_{t-i,k}\ddot{y}_{s-j,k}\\
&= \frac{1}{n}\sum_{i=0}^{t-1}\sum_{j=0}^{s-1}\sum_{k=1}^{n_1}\Bigg[(i+j)(\varphi_k-\varphi) + C_{i+j,k}\frac{(i+j)(i+j-1)(\varphi_k-\varphi)^2}{2}\Bigg]a_{|t-s-i+j|}\Omega_{kk}\\
&= \frac{1}{n}\sum_{i=0}^{t-1}\sum_{j=0}^{s-1}(i+j)a_{|t-s-i+j|}\Big[\mathrm{tr}(\boldsymbol{\Lambda_{\Pi,1}\Sigma_{\Pi,1}})-\varphi\mathrm{tr}(\boldsymbol{\Sigma})_{\boldsymbol{\Pi,1}}\Big]\\
&\quad + \frac{1}{n}\sum_{i=0}^{t-1}\sum_{j=0}^{s-1}\sum_{k=1}^{n} C_{i+j,k}\frac{(i+j)(i+j-1)(\varphi_k-\varphi)^2}{2}a_{|t-s-i+j|}\Omega_{kk}\\
&= \frac{1}{n}\sum_{i=0}^{t-1}\sum_{j=0}^{s-1}a_{|t-s-i+j|}\frac{(i+j)(i+j-1)}{2}\sum_{k=1}^{n}C_{i+j,k}(\varphi_k-\varphi)^2\Omega_{kk}\\
&= O\left\{\frac{\max\{s^3,t^3\}}{n}\mathrm{tr}[(\boldsymbol{\Lambda_{\Pi,1}}-\varphi\boldsymbol{I_{n_1}})^2\boldsymbol{\Sigma_{\Pi,1}}]\right\}
\end{aligned} \tag{4.102}
$$

进而有

$$
\left\{\sum_{t=1}^{T}\sum_{s=1}^{T}[E(\ddot{B}_{ts}-\tilde{B}_{ts})]^2\right\}^{1/2} = O\left\{\frac{T^4}{n}\mathrm{tr}[(\boldsymbol{\Lambda_{\Pi,1}}-\varphi\boldsymbol{I_{n_1}})^2\boldsymbol{\Sigma_{\Pi,1}}]\right\} \tag{4.103}
$$

类似地, 可以发现

$$
\left[\sum_{t=1}^{T}\sum_{s=1}^{T}\mathrm{var}(\ddot{B}_{ts}-\tilde{B}_{ts})\right]^{1/2} = o\left\{\frac{T^4}{n}\mathrm{tr}[(\boldsymbol{\Lambda_{\Pi,1}}-\varphi\boldsymbol{I_{n_1}})^2\boldsymbol{\Sigma_{\Pi,1}}]\right\} \tag{4.104}
$$

等式 (4.103) ~(4.104) 可以推出式 (4.94).

4.4　基于最大特征根的高维渐近单位根估计方法

本节我们将基于定理 4.1 考虑渐近单位根的估计问题. 单位根的估计和检验问题已经有很长的历史, Phillips 和 Perron (1988) 首先提出了一个著名的单位根检验方法, Phillips 和 Xiao (1998) 则给出了截至 1998 年的相关研究总结. 而近二十年里, 有很多研究致力于面板数据集上的单位根检验问题, 一些重要的成果包括 Choi (2001), Levin、Lin 和 Chu (2002), Chang (2004), Im、Pesaran 和 Shin (2003), Pesaran (2015), Pesaran、Smith 和 Yamagata (2013). 然而经济和金融中的高维数据尽管常常是非平稳的, 但并不一定服从标准的单位根过程, 而看起来更像是服从渐近单位根过程. 正因为如此, 很多知名学者也致力于研究渐近单位根过程的检验与估计. 例如 Phillips (1988) 针对渐近单位根结构展示了其回归理论, Phillips、Moon 和 Xiao (2001) 提出了估计渐近单位根的方法, 而 Moon 和 Phillips (2004) 针对面板渐近单位根过程提出了一种广义矩估计方法 (GMM).

Moon 和 Phillips (2004) 所提出的面板数据模型下渐近单位根广义矩估计方法被广泛运用, 然而它也有一定的缺陷. 例如它在待估计的渐近单位根小于 1 时具有 $T^{-1}n^{-1/2}$ (n 是数据的维度) 的收敛速度, 但当待估计渐近单位根等于 1 时收敛速度只有 $T^{-1}n^{-1/6}$. 进一步地, 它假设了误差项 $\varepsilon_{it} \sim \text{i.i.d.}(0,\sigma^2)$ 关于 i 和 t. 换句话说, 它无法处理更广义的横截面相关性. 而如我们所知, 横截面相关性普遍存在于高维数据中. 这也就导致了该方法应用于高维问题时可能遇到若干的困难. 因此本节提出了一种新的渐近单位根估计方法.

4.4.1　估计方法和理论

我们现在针对引理 4.1 模型中的 φ 提出一种新的估计方法, 整体的策略如下: 由于 $\boldsymbol{x}$ 是可观测的, 我们可以计算出它的最大特征根 ρ_1. 受引理 4.1 结论的启发, 可以通过解以下方程来估计 $\varphi(\theta_{\varphi,1})$:

$$\rho_1 - \gamma_{\varphi,1}\frac{\text{tr}(\boldsymbol{\Sigma})}{n} = 0 \tag{4.105}$$

然而, 式 (4.105) 中包含着未知参数 a_i 和 Σ. 根据随机矩阵理论可知, Σ 的相合估计是难以获得的, 但我们可以相合估计 $a_i\text{tr}\Sigma$ 和 $a_i\left[\text{tr}(\boldsymbol{\Sigma})^2\right]^{1/2}$. 将这些估计结果代入式 (4.105) 后, 可以得到 $\theta_{\varphi,1}$ 和 φ 的相合估计.

从估计 (4.1) 中定义的 q 开始, 令

$$\zeta_j = \frac{\sum\limits_{t=j+2}^{T} \dot{\boldsymbol{x}}_{t,t-j}}{n(T-j-1)}, \quad \dot{\boldsymbol{x}}_{t,s} = (\boldsymbol{x_t} - \boldsymbol{x_{t-1}})^\top (\boldsymbol{x_s} - \boldsymbol{x_{s-1}}) \tag{4.106}$$

如果 q 是有界的, 则它的估计量定义为

$$\widehat{q}=\min\left\{0\leqslant i<[n^{1/2}]:|\zeta_j|<2n^{-1/4}T^{-1/2},i<j<[n^{1/2}]\right\}\tag{4.107}$$

这一估计量基于如下事实: $E[\zeta_j]$ 的主项是 $a_j\mathrm{tr}\,(\boldsymbol{\Sigma})$, 当 $j>q$ 时 a_j 的值是 0 且 ζ_j 标准差的阶数小于 $n^{-1/4}T^{-1/2}$. 如果 q 不是有界的, 则选择不超过 $n^{1/2}$ 的最大整数作为估计量 $\widehat{q}$. 为了降低符号难度, 下面用 m 来表示 $\widehat{q}$.

下一步是估计 $\gamma_{\varphi,1}\mathrm{tr}\,(\boldsymbol{\Sigma})$, 其定义为

$$\grave{\mu}_m=\sum_{t=2}^{T}\frac{\grave{\boldsymbol{x}}_{t,t}}{n(T-1)}+2\sum_{j=1}^{m}\sum_{t=j+2}^{T}\frac{\grave{\boldsymbol{x}}_{t,t-j}}{n(T-j-1)}\tag{4.108}$$

可以发现, $\dfrac{\mathrm{tr}(\boldsymbol{\Sigma})}{n}\kappa(\theta_{\varphi,1})\left(a_0+2\displaystyle\sum_{j=1}^{\infty}a_j\right)$ 的主项是 $\grave{\mu}_m$, 其中

$$\kappa(\theta)=\left[-\frac{\sin(T+1)\theta}{\sin T\theta}\right]^m-m\frac{\left[-\dfrac{\sin(T+1)\theta}{\sin T\theta}\right]^3-\left[-\dfrac{\sin(T+1)\theta}{\sin T\theta}\right]^{2T-m}}{2(T-1)}$$

当 $\varphi=1$ 时, $\kappa(\theta_{1,1})=1$; 否则, $\kappa(\theta_{\varphi,1})=1+O(m(1-\varphi))$. 进一步地, 估计量中包含 $a_i\,[\mathrm{tr}\,(\boldsymbol{\Sigma}^2)]^{1/2}$ 的部分可以被构造如下: 验证 $\mathrm{Var}(\grave{\boldsymbol{x}}_{t,s}^2)=(a_{|t-s|}^2+a_0^2)\mathrm{tr}\,(\boldsymbol{\Sigma}^2)\ (1+o(1))$ 且当 $|t-s|$ 充分大时, $a_{|t-s|}$ 是可忽略的. 因此我们定义

$$S_{\sigma^2,0}=\frac{\displaystyle\sum_{t=2}^{[T/2]}\sum_{s=t+[T/2]}^{T}\grave{\boldsymbol{x}}_{t,s}^2}{(T-\frac{3}{2}[T/2])([T/2]-1)},\quad S_{\sigma^2,m}=\frac{|\grave{\mu}_m|\left(2\dfrac{S_{\sigma^2,0}}{n}\right)^{1/2}}{\displaystyle\sum_{i=2}^{T}\frac{\grave{\boldsymbol{x}}_{t,t}}{n(T-1)}}\tag{4.109}$$

此外, $\lambda_{\varphi,1}$ 的倒数可以写为

$$g_2(\theta)=-2\frac{\sin[(T+1)\theta]}{\sin(T\theta)}[1+\cos(\theta)]+\left(1+\frac{\sin[(T+1)\theta]}{\sin(T\theta)}\right)^2=\frac{1-\cos(2\theta)}{1-\cos(2T\theta)}$$

根据式 (4.105), 我们定义

$$h(\theta)=\rho_1g_2(\theta)\kappa(\theta)-\grave{\mu}_m\tag{4.110}$$

由此发现 $h(\theta)=0$ 在 $(0,\pi)$ 上的最大解 $\widehat{\theta}$. 从式 (4.13) 出发, 我们可以定义 $\widehat{\varphi}=g_1(\widehat{\theta})$, 其中 $g_1(\theta)=-\dfrac{\sin(T+1)\theta}{\sin T\theta}$.

那么我们需要进行以下假设:

假设 4.7 (q, n_1 和 φ 的条件) 假设 q 是有界的或者

$$n_1(1-\varphi)=O(1)\tag{4.111}$$

注意:$1-\varphi=O(\frac{1}{T})$. 因此, 假设 4.7 会在 $n_1=O(T)$ 时自动成立.

定理 4.2　在引理 4.1 的条件和假设 4.7 成立时, 我们有

$$\sqrt{n}\frac{\rho_1 g_2(\theta_{\varphi,1})\kappa(\theta_{\varphi,1})-\dot{\mu}_m}{S_{\sigma^2,m}}\to N(0,1) \tag{4.112}$$

命题 4.1　令定理 4.2 的条件成立. 进一步地, q 是有限的且 a_q 以常数阶远离 0, 则

$$\lim_{p,T\to\infty}P(\widehat{q}=q)=1 \tag{4.113}$$

定义 $\widetilde{T}_N=\dfrac{\sqrt{n}\,\rho_1 f'(\widehat{\theta})}{S_{\sigma^2,m}g_1'(\widehat{\theta})}(\widehat{\varphi}-\varphi)$, 其中 $f(\theta)=g_2(\theta)\kappa(\theta)$. 因此, 得出以下重要结果:

定理 4.3　令定理 4.2 的条件成立, 则有

(1) 解 $\widehat{\theta}$ 至多只有一个且

$$\lim_{p,T\to\infty}P\left(\exists\widehat{\theta}\in\left(\frac{T\pi}{T+1},\frac{T\pi}{T+\frac{1}{4}}\right)\ s.t.\quad h(\widehat{\theta})=0\right)=1 \tag{4.114}$$

(2) 当 $n,T\to\infty$ 时, 有

$$\sqrt{n}\frac{\rho_1 f'(\widehat{\theta})}{S_{\sigma^2,m}}(\widehat{\theta}-\theta_{\varphi,1})\to N(0,1) \tag{4.115}$$

(3) 当 $n,T\to\infty$ 时, 有

$$\widetilde{T}_N\to N(0,1) \tag{4.116}$$

评论 4.2　等式 (4.116) 展示了 $\widehat{\varphi}$ 的收敛速度是 $\dfrac{S_{\sigma^2,m}g_1'(\widehat{\theta})}{n^{1/2}\,\dot{\rho}_1 f'(\widehat{\theta})}=O(T^{-1}n^{-1/2})$. 我们可以将其与 Moon 和 Phillips (2004) 中的广义矩估计做对比. Moon 和 Phillips (2004) 考虑了一个包含固定项 $\beta_i' g_{pt}$ 的 $AR(1)$ 过程, 其中 $g_{pt}=(t,t^2,\cdots,t^p)'$. Moon 和 Phillips (2004) 中时间序列的维数为 n 而 p 只是个固定常数 (例如 $p=1$ 表示线性趋势). Moon 和 Phillips (2004) 中的误差项是 $\varepsilon_{it}\sim N(0,\sigma^2)$ 关于 i 和 t 独立, 换言之它不允许横截面相关性. 另一方面, Moon 和 Phillips (2004) 中的广义矩估计方法基于两个矩条件 $m_{1,it}(c)$ 和 $m_{2,it}(c)$. 当 $\varphi=1+c_0/T$ 且 $c_0<0$ 时, Moon 和 Phillips (2004) 中的广义矩估计和我们的方法有相同的收敛速度. 然而, 当 $c_0=0$ (或者非常接近于 0, 比如 $\varphi=1-T^{-1}n^{-1}$) 时, 矩条件中的第一阶信息渐近于 0 导致了广义矩估计的收敛速度会降低到 $T^{-1}n^{-1/6}$. 详情可参看 Moon 和 Phillips (2004) 的第四节.

评论 4.3 $\widetilde{T}_N$ 的形式为 $\dfrac{\sqrt{n}\,\rho_1 f'(\widehat{\theta})}{S_{\sigma^2,m}g_1'(\widehat{\theta})}(\widehat{\varphi}-\varphi)$. 一个自然的想法是将其与经典的 PP 检验 Phillips 和 Perron (1988) 进行对比. 两者主要的差别是 $\widetilde{T}_N$ 的渐近分布是标准正态分布而 PP 检验的渐近分布是非高斯的. 这一差别的主要原因是维度 n 趋于无穷. 进一步地, 我们的方法适用于具有复杂横截面相关性的情形.

4.4.2 非标量情形

现在我们考虑 $\boldsymbol{\Pi} \neq \varphi \boldsymbol{I}$ 的情形, 相比于之前的模型 $\boldsymbol{x}_t = \varphi \boldsymbol{x}_{t-1} + \Sigma^{1/2}\boldsymbol{y}_t$, 该模型可以覆盖广泛得多的场景. 回忆评论 4.1, 我们可知即使 $\boldsymbol{\Pi} \neq \varphi \boldsymbol{I}$, φ 依然含有 $\boldsymbol{\Pi}$ 的重要信息. 因此在 $\boldsymbol{\Pi} \neq \varphi \boldsymbol{I}$ 的模型下估计 φ 依然是重要的.

定理 4.4 令假设 4.1 ~ 4.7 成立且 $\boldsymbol{x}_0 = \boldsymbol{0}$ 以及 $n_2 + n_3 = o(\sqrt{n_1})$, 则定理 4.2 ~ 4.3 和命题 4.1 中的结论依然成立.

看起来 $n_2 + n_3 = o(\sqrt{n_1})$ 和式 (4.7) 有很大差别, 事实上 ρ_1 的极限性质与定理 2.2 和引理 4.1 依然很接近. 主要的差别来源于另外两项: $\grave{\mu}_m$ 和 $S_{\sigma^2,m}$. 当 n_3 足够大时, $\grave{\mu}_m$ 不再是 $\gamma_{\varphi,1}\mathrm{tr}\,(\boldsymbol{\Sigma})$ 的相合估计.

在实际问题中, n_2 和 n_3 可能很大, 但我们可以对其做如下处理:将 $\boldsymbol{x}_t$ 的第 i 个元素记为 X_{ti}. 对每一个 i, 我们考虑模型

$$X_{ti} = \alpha_i X_{t-1,i} + e_{t,i}$$

并通过如下式子估计 α_i:

$$\hat{\alpha}_i = \frac{\sum\limits_{t=2}^{T} X_{ti}X_{t-1,i}}{\sum\limits_{t=2}^{T} X_{t-1,i}^2}$$

随后我们构造一个 Phillips 和 Perron (1988) 中提出的 PP 型单位根检验统计量. 进一步地, Phillips 和 Perron (1988) 说明了该检验的功效取决于 $T(1-\alpha_i)$. 当 $T(1-\alpha_i)$ 随着 T 趋于无穷而趋于无穷时, 功效会趋近于 1, 否则功效的极限取决于 $T(1-\alpha_i)$ 的极限. 因此我们可以对每个 i 检验 α_i 是否为单位根并依据检验结果将 $\boldsymbol{x}_t$ 所有 n 个分量分为两部分:平稳部分 (包括平稳和渐近平稳) 包含了拒绝单位根假设的分量而渐近单位根部分 (包括单位根、渐近单位根和渐近爆炸) 包含了接受单位根假设的分量. 如果 $\boldsymbol{x}_t$ 中的协整现象没有过多 ($o(\sqrt{n_1})$), 大部分分量将被划分进正确的类别中, 因此混入渐近单位根部分的平稳和渐近平稳分量的数量将依概率 1 的足够小, 则条件 $n_2 + n_3 = o(\sqrt{n_1})$ 可以在该部分被满足.

4.4.3　定理 4.2 的证明

证明　[定理 4.2 的证明]

注意

$$\sum_{j=m+1}^{\infty}|a_j| \leqslant \frac{1}{m}\sum_{j=m+1}^{\infty}j|a_j|$$

以及

$$\sum_{j=m+1}^{\infty}j|a_j| < \infty$$

从假设 4.7 出发, 我们可以发现

$$\sum_{j=m+1}^{\infty}|a_j| = o(n^{-1/2})$$

从式 (4.13) 出发, 可以发现对任意固定的 k, 有 $|\pi - \theta_{\varphi,k}| = O(\frac{k}{T})$. 结合

$$\begin{aligned}
&\left|\sum_{j=1}^{\infty}a_j(-1)^j\cos(j\theta_{\varphi,k}) - \sum_{j=1}^{\infty}a_j\right| \\
&= \left|\sum_{j=1}^{m}a_j(-1)^j[\cos(j\theta_{\varphi,k}) - \cos(j\pi)]\right| + o(n^{-1/2}) \\
&= \left|2\sum_{j=1}^{m}a_j(-1)^j\sin\frac{j(\pi-\theta_{\varphi,k})}{2}\sin\frac{j(\pi+\theta_{\varphi,k})}{2}\right| + o(n^{-1/2}) \\
&= O\left(2\sum_{j=1}^{m}|a_j|\frac{j^2k^2}{T^2}\right) + o(n^{-1/2}) \\
&= o(n^{-1/2})
\end{aligned}$$

可以从引理 4.1、4.13 和 4.14 得出:在定理 4.2 的条件下, 则有

$$n^{1/2}\frac{\rho_1 - \dfrac{\lambda_{\varphi,1}}{\kappa(\theta_{\varphi,1})}\dot{\mu}_m}{\lambda_{\varphi,1}S_{\sigma^2,m}} \to N(0,1) \tag{4.117}$$

结合 $\lambda_{\varphi,1} = \dfrac{1}{g_2(\theta_{\varphi,1})}$ 和式 (4.125), 我们可以得出式 (4.112) 成立.

4.4.4　定理 4.3 的证明

证明　[定理 4.3 的证明]

首先证明式 (4.114). 根据引理 4.1、4.13 和 4.14，有 $\dfrac{\rho_1}{\grave{\mu}_m} = \lambda_{\varphi,1}\{1+o_p(1)\}$. 通过定义 $\breve{\varphi} = \varphi - \dfrac{1}{T}$ 和 $\breve{\theta} \in (\dfrac{T\pi}{T+1}, \pi)$ 使得 $g_1(\breve{\theta}) = \breve{\varphi}$, 进而有

$$\lim_{p,T\to\infty} P\Big[h(\breve{\theta}) > 0\Big] = 1$$

类似地, 可以得到

$$\lim_{p,T\to\infty} P\left[h\left(\frac{T\pi}{T+\frac{1}{4}}\right) < 0\right] = 1$$

因此, 由 $h(\theta)$ 的连续性可证明式 (4.114) 成立.

我们接下来证明解是唯一的. 事实上我们只需要证明 $f(\theta)$ 在区间 $\left(\dfrac{T\pi}{T+1}, \dfrac{T\pi}{T+\frac{1}{4}}\right)$ 上单调. 根据链式法则 $f'(\theta) = g_2'(\theta)\kappa(\theta) + g_2(\theta)\kappa'(\theta)$, 我们可以发现 $\kappa(\theta) = 1 + o(1)$, $\kappa'(\theta) = O(m)$, 且

$$g_2(\theta) = \frac{\sin^2\theta}{\sin^2 T\theta}$$

对 $g_2'(\theta)$, 则有

$$g_2'(\theta) = \frac{\sin 2\theta \sin T\theta - 2T\cos T\theta \sin^2\theta}{\sin^3 T\theta} \tag{4.118}$$

改写 $\theta = \dfrac{T\pi}{T+\imath}$, 其中 $0 < \imath < 1$, 则

$$g_1(\theta) = -\frac{\sin(T+1)\theta}{\sin T\theta} = \frac{\sin\dfrac{T(1-\imath)\pi}{T+\imath}}{\sin\dfrac{T\imath\pi}{T+\imath}} \tag{4.119}$$

$$\begin{aligned}
g_2'(\theta) &= \frac{\sin\dfrac{2T\pi}{T+\imath}\sin(T\pi - \dfrac{T\imath\pi}{T+\imath}) - 2T\cos(T\pi - \dfrac{T\imath\pi}{T+\imath})\sin^2\dfrac{T\pi}{T+\imath}}{\sin^3(T\pi - \dfrac{T\imath\pi}{T+\imath})} \\
&= 2\sin\frac{T\pi}{T+\imath}\frac{\cos\dfrac{T\pi}{T+\imath}\sin(T\pi - \dfrac{T\imath\pi}{T+\imath}) - T\cos(T\pi - \dfrac{T\imath\pi}{T+\imath})\sin\dfrac{T\pi}{T+\imath}}{\sin^3(T\pi - \dfrac{T\imath\pi}{T+\imath})} \\
&= 2\sin\frac{T\pi}{T+\imath}\frac{\cos\dfrac{T\pi}{T+\imath}(-1)^{T+1}\sin\dfrac{T\imath\pi}{T+\imath} + T(-1)^{T+1}\cos\dfrac{T\imath\pi}{T+\imath}\sin\dfrac{T\pi}{T+\imath}}{(-1)^{T+1}\sin^3\dfrac{T\imath\pi}{T+\imath}} \\
&= 2\sin\frac{\imath\pi}{T+\imath}\frac{-\cos\dfrac{\imath\pi}{T+\imath}\sin\dfrac{T\imath\pi}{T+\imath} + T\cos\dfrac{T\imath\pi}{T+\imath}\sin\dfrac{\imath\pi}{T+\imath}}{\sin^3\dfrac{T\imath\pi}{T+\imath}}
\end{aligned} \tag{4.120}$$

当 $\frac{1}{4}<\imath<1$ 时, $-\cos\frac{\imath\pi}{T+\imath}\sin\frac{T\imath\pi}{T+\imath}+T\cos\frac{T\imath\pi}{T+\imath}\sin\frac{\imath\pi}{T+\imath}<0$ 具有常数的阶数. 由此可知, 存在一个常数 $\jmath>0$ 使得当 $\frac{1}{4}<\imath<1$ 时, 有

$$g_2'(\theta)<-\jmath\left|\frac{\sin\theta}{\sin^3 T\theta}\right| \tag{4.121}$$

结合 $\kappa(\theta)=1+o(1)$, $\kappa'(\theta)=O(m)$, 区间 $\left(\frac{T\pi}{T+1},\frac{T\pi}{T+\frac{1}{4}}\right)$ 以及 $g_2(\theta)=\frac{\sin^2\theta}{\sin^2 T\theta}$, 可知存在一个常数 $\jmath_1>0$ 使得

$$Tf'(\theta)<-\jmath_1 \tag{4.122}$$

因此该区间上 $f(\theta)$ 是单调的, 进而可知解唯一.

接下来证明式 (4.115). 由于 $\hat{\theta}\in(\frac{T\pi}{T+1},\pi)$ 是 $h(\theta)=0$ 的解, 我们可以将式 (4.112) 重写为

$$n^{1/2}\frac{\rho_1 f(\theta_{\varphi,1})-\rho_1 f(\hat{\theta})}{S_{\sigma^2,m}}\to N(0,1) \tag{4.123}$$

则推出 $f(\theta_{\varphi,1})-f(\hat{\theta})=O_p(T^{-2}n^{-1/2})$. 结合式 (4.122), 可以发现

$$\hat{\theta}-\theta_{\varphi,1}=O_p(T^{-1}n^{-1/2}) \tag{4.124}$$

接下来将运用泰勒展开式, 只需要证明 $f''(\tilde{\theta})=O_p(1)$ 对任意在 $\theta_{\varphi,1}$ 和 $\hat{\theta}$ 之间的 $\tilde{\theta}$ 成立. 式 (4.124) 保证了 $\theta_{\varphi,1}$ 和 $\hat{\theta}$ 是非常接近的. 进一步地, 有 $\kappa(\theta_{\varphi,1})=O(1)$, $\kappa'(\theta_{\varphi,1})=O(m)$, $\kappa''(\theta_{\varphi,1})=O(m^2)$, $g_2(\theta_{\varphi,1})=O(T^{-2})$, $g_2'(\theta_{\varphi,1})=O(T^{-1})$ 和 $g_2''(\theta_{\varphi,1})=O(1)$. 运用链式法则, 可以保证 $f''(\tilde{\theta})=O_p(1)$ 对任意在 $\theta_{\varphi,1}$ 和 $\hat{\theta}$ 之间的 $\tilde{\theta}$ 成立. 式 (4.116) 的证明是类似的, 在此不再赘述.

4.4.5　定理 4.4 的证明

接下来先给出两个重要引理, 其证明将在后文给出.

引理 4.13　在定理 4.4 的条件下, 则有

$$\kappa(\theta_{\varphi,1})=1+O_p[m(1-\varphi)] \tag{4.125}$$

和

$$\grave{\mu}_m=\frac{\mathrm{tr}(\boldsymbol{\Sigma})}{n}\kappa(\theta_{\varphi,1})\left(a_0+2\sum_{j=1}^{\infty}a_j\right)+o_p(n^{-1/2}) \tag{4.126}$$

引理 4.14 在引理 4.13 的条件下, 我们有

$$\frac{S_{\sigma^2,0}}{n}=a_0^2\frac{\operatorname{tr}(\boldsymbol{\Sigma}^2)}{n}+o_p(1) \tag{4.127}$$

$$\begin{aligned} S_{\sigma^2,m}&=\frac{|\grave{\mu}_{m_2}|\left(2\dfrac{S_{\sigma^2,0}}{n}\right)^{1/2}}{\sum\limits_{i=2}^{T}\dfrac{\grave{\boldsymbol{x}}_{i,i}}{n(T-1)}} \\ &=\left(a_0+2\sum_{i=1}^{\infty}a_i\right)\left[\frac{2}{n}\operatorname{tr}(\boldsymbol{\Sigma}^2)\right]^{1/2}+o_p(1) \end{aligned} \tag{4.128}$$

且

$$\frac{\gamma_{\varphi,1}\left[\dfrac{2}{n}\operatorname{tr}(\boldsymbol{\Sigma}^2)\right]^{1/2}}{\lambda_{\varphi,1}S_{\sigma^2,m}}=1+o_p(1) \tag{4.129}$$

证明 [定理 4.4 的证明]

由于引理 4.13 和引理 4.14 在定理 4.4 的条件下成立, 因此重新证明定理 4.2 和定理 4.3 是平凡的, 我们只需要证明命题 4.1. 改写下式:

$$\begin{aligned} &(\boldsymbol{x}_t-\boldsymbol{x}_{t-1})^{\top}(\boldsymbol{x}_s-\boldsymbol{x}_{s-1}) \\ &=(\boldsymbol{x}_t-\boldsymbol{x}_{t-1})^{\top}\left(\sum_{i=1}^{3}\boldsymbol{U}_{\boldsymbol{\Pi},\boldsymbol{i}}\boldsymbol{U}_{\boldsymbol{\Pi},\boldsymbol{i}}^{\top}\right)(\boldsymbol{x}_s-\boldsymbol{x}_{s-1}) \\ &=\sum_{i=1}^{3}(\boldsymbol{x}_t-\boldsymbol{x}_{t-1})^{\top}\boldsymbol{U}_{\boldsymbol{\Pi},\boldsymbol{i}}\boldsymbol{U}_{\boldsymbol{\Pi},\boldsymbol{i}}^{\top}(\boldsymbol{x}_s-\boldsymbol{x}_{s-1}) \end{aligned}$$

注意:$n_2+n_3=o(\sqrt{n_1})$ 意味着 $(\boldsymbol{x}_t-\boldsymbol{x}_{t-1})^{\top}\boldsymbol{U}_{\boldsymbol{\Pi},\boldsymbol{1}}\boldsymbol{U}_{\boldsymbol{\Pi},\boldsymbol{1}}^{\top}(\boldsymbol{x}_s-\boldsymbol{x}_{s-1})$ 是主项. 回顾式 (4.92) 和式 (4.97), 我们有

$$\begin{aligned} &(\boldsymbol{x}_t-\boldsymbol{x}_{t-1})^{\top}\boldsymbol{U}_{\boldsymbol{\Pi},\boldsymbol{1}}\boldsymbol{U}_{\boldsymbol{\Pi},\boldsymbol{1}}^{\top}(\boldsymbol{x}_s-\boldsymbol{x}_{s-1}) \\ &\quad=\sum_{v=1}^{n_1}\left[\ddot{y}_{t,v}+\sum_{i=0}^{t-2}(\varphi_v-1)\varphi_v^i\ddot{y}_{t-i-1,v}\right]\left[\ddot{y}_{s,v}+\sum_{i=0}^{s-2}(\varphi_v-1)\varphi_v^i\ddot{y}_{s-i-1,v}\right] \\ &E(\boldsymbol{x}_t-\boldsymbol{x}_{t-1})^{\top}\boldsymbol{U}_{\boldsymbol{\Pi},\boldsymbol{1}}\boldsymbol{U}_{\boldsymbol{\Pi},\boldsymbol{1}}^{\top}(\boldsymbol{x}_{t-j}-\boldsymbol{x}_{t-j-1}) \\ &\quad=\sum_{v=1}^{n_1}\Omega_{vv}\Big(a_j+A_{1tjv}+A_{2tjv}+A_{3tjv}+A_{4tjv}+A_{5tjv}+A_{6tjv}\Big) \end{aligned}$$

其中

$$A_{1tjv}=1\{j\geqslant 1\}(\varphi_v-1)\sum_{k=0}^{j-1}\varphi_v^k a_{j-k-1}$$

$$A_{2tjv}=(\varphi_v-1)\sum_{k=j}^{t-2}\varphi_v^k a_{k+1-j}$$

$$A_{3tjv}=(\varphi_v-1)\sum_{k=0}^{t-j-2}\varphi_v^k a_{k+j+1}$$

$$A_{4tjv}=1\{j\geqslant 1\}(\varphi_v-1)^2\sum_{k_1=0}^{j-1}\sum_{k_2=0}^{t-j-2}\varphi_v^{k_1+k_2}a_{k_2+j-k_1}$$

$$A_{5tjv}=(\varphi_v-1)^2\sum_{k_1=j}^{t-3}\sum_{k_2=k_1-j+1}^{t-j-2}\varphi_v^{k_1+k_2}a_{k_2+j-k_1}$$

$$A_{6tjv}=(\varphi_v-1)^2\sum_{k_1=j}^{t-2}\sum_{k_2=0}^{k_1-j}\varphi_v^{k_1+k_2}a_{k_1-k_2-j}$$

当 q 有界时, 可以得出 $E\grave{\boldsymbol{x}}_{t,t-j}=\operatorname{tr}(\boldsymbol{\Sigma}_{\boldsymbol{\Pi},\mathbf{1}})[a_j+O(T^{-1})]$ 且 $E\zeta_j=\dfrac{\operatorname{tr}(\boldsymbol{\Sigma}_{\boldsymbol{\Pi},\mathbf{1}})}{n}[a_j+O(T^{-1})]$.

类似地, 可以发现 $\operatorname{var}(\zeta_j)=O(T^{-1}n^{-1})$. 因此可以证明命题 4.1 成立.

4.4.6　引理 4.13 的证明

证明　[引理 4.13 的证明]

回顾定理 4.4 的证明, 则有

$$\begin{aligned}\grave{\boldsymbol{x}}_{t,s}&=(\boldsymbol{x}_t-\boldsymbol{x}_{t-1})^\top(\boldsymbol{x}_s-\boldsymbol{x}_{s-1})\\&=(\boldsymbol{x}_t-\boldsymbol{x}_{t-1})^\top\left(\sum_{i=1}^{3}\boldsymbol{U}_{\boldsymbol{\Pi},i}\boldsymbol{U}_{\boldsymbol{\Pi},i}^\top\right)(\boldsymbol{x}_s-\boldsymbol{x}_{s-1})\\&=\sum_{i=1}^{3}(\boldsymbol{x}_t-\boldsymbol{x}_{t-1})^\top\boldsymbol{U}_{\boldsymbol{\Pi},i}\boldsymbol{U}_{\boldsymbol{\Pi},i}^\top(\boldsymbol{x}_s-\boldsymbol{x}_{s-1})\end{aligned}$$

由于 $n_2+n_3=o(\sqrt{n_1})$, 容易得出 $(\boldsymbol{x}_t-\boldsymbol{x}_{t-1})^\top\boldsymbol{U}_{\boldsymbol{\Pi},i}\boldsymbol{U}_{\boldsymbol{\Pi},i}^\top(\boldsymbol{x}_s-\boldsymbol{x}_{s-1})$ 在 $i=2,3$ 时足够小. 我们仅需要考虑 $(\boldsymbol{x}_t-\boldsymbol{x}_{t-1})^\top\boldsymbol{U}_{\boldsymbol{\Pi},1}\boldsymbol{U}_{\boldsymbol{\Pi},1}^\top(\boldsymbol{x}_s-\boldsymbol{x}_{s-1})$. 因此在下文证明里直接考虑 $n=n_1$ 的情形, 进而改写得到下式:

$$\begin{aligned}&(\boldsymbol{x}_t-\boldsymbol{x}_{t-1})^\top(\boldsymbol{x}_s-\boldsymbol{x}_{s-1})\\&\quad=\sum_{v=1}^{n_1}\left[\ddot{y}_{t,v}+\sum_{i=0}^{t-2}(\varphi_v-1)\varphi_v^i\ddot{y}_{t-i-1,v}\right]\left[\ddot{y}_{s,v}+\sum_{i=0}^{s-2}(\varphi_v-1)\varphi_v^i\ddot{y}_{s-i-1,v}\right]\\&E(\boldsymbol{x}_t-\boldsymbol{x}_{t-1})^\top(\boldsymbol{x}_{t-j}-\boldsymbol{x}_{t-j-1})\\&\quad=\sum_{v=1}^{n_1}\Omega_{vv}\Big(a_j+A_{1tjv}+A_{2tjv}+A_{3tjv}+A_{4tjv}+A_{5tjv}+A_{6tjv}\Big)\end{aligned}$$

其中

$$A_{1tjv}=1\{j\geqslant 1\}(\varphi_v-1)\sum_{k=0}^{j-1}\varphi_v^k a_{j-k-1}$$

$$A_{2tjv}=(\varphi_v-1)\sum_{k=j}^{t-2}\varphi_v^k a_{k+1-j}$$

$$A_{3tjv}=(\varphi_v-1)\sum_{k=0}^{t-j-2}\varphi_v^k a_{k+j+1}$$

则

$$A_{1tjv}=1\{j\geqslant 1\}(\varphi_v-1)\sum_{k=0}^{j-1}\varphi_v^{j-k-1}a_k$$

$$A_{2tjv}=(\varphi_v-1)\sum_{k=1}^{t-j-1}\varphi_v^{k+j-1}a_k$$

$$A_{3tjv}=(\varphi_v-1)\sum_{k=j+1}^{t-1}\varphi_v^{k-j-1}a_k$$

$$A_{4tjv}=1\{j\geqslant 1\}(\varphi_v-1)^2\sum_{k_1=0}^{j-1}\sum_{k_2=0}^{t-j-2}\varphi_v^{k_1+k_2}a_{k_2+j-k_1}$$

$$A_{5tjv}=(\varphi_v-1)^2\sum_{s=1}^{t-j-2}\sum_{k_1=j}^{t-2-s}\varphi_v^{2k_1+s-j}a_s$$

$$A_{6tjv}=(\varphi_v-1)^2\sum_{s=0}^{t-j-2}\sum_{k_1=j+s}^{t-2}\varphi_v^{2k_1-s-j}a_s$$

将 $E\grave{\mu}_m$ 改写为

$$E\grave{\mu}_m=\frac{1}{n_1}\sum_{j=0}^{\infty}\sum_{v=1}^{n_1}\Omega_{vv}\kappa_{j,v}a_j \tag{4.130}$$

且

$$\kappa_j=\frac{\sum\limits_{v=1}^{n_1}\Omega_{vv}\kappa_{j,v}}{\sum\limits_{v=1}^{n_1}\Omega_{vv}} \tag{4.131}$$

回顾式 (4.61) 和假设 4.7, 易得

$$\sum_{j=m+1}^{\infty}|\kappa_j-1||a_j|=o(n_1^{1/2})$$

现在考虑 κ_j 与 κ_0 的关系. 首先考虑 $\kappa_{0,v}$. 当 $j \geqslant 1$ 时, $E(\boldsymbol{x}_t - \boldsymbol{x}_{t-1})^\top(\boldsymbol{x}_{t-j} - \boldsymbol{x}_{t-j-1})$ 中与 a_0 有关的项有 $(\varphi_v - 1)\varphi_v^{j-1}a_0$ (来自 A_{1tjv}) 以及 $(\varphi_v - 1)^2 \sum\limits_{k_1=j}^{t-2} \varphi_v^{2k_1-j}a_0$ (见 A_{6tjv}). 类似地, $E(\boldsymbol{x}_t - \boldsymbol{x}_{t-1})^\top(\boldsymbol{x}_t - \boldsymbol{x}_{t-1})$ 中与 a_0 有关的项有 a_0 和 $(\varphi_v - 1)^2 \sum\limits_{k_1=0}^{t-2} \varphi_v^{2k_1}a_0$ (见 A_{6tjv}). 因此, 可以计算 $\kappa_{0,v}$:

$$
\begin{aligned}
\kappa_{0,v} =& \frac{1}{T-1}\sum_{t=2}^{T}\left[1 + (\varphi_v - 1)^2\sum_{k_1=0}^{t-2}\varphi_v^{2k_1}\right] \\
&+ \sum_{j=1}^{m}\frac{2}{T-j-1}\sum_{t=j+2}^{T}\left[(\varphi_v - 1)\varphi_v^{j-1} + (\varphi_v - 1)^2\sum_{k_1=j}^{t-2}\varphi_v^{2k_1-j}\right] \\
=&1 + \frac{1-\varphi_v}{1+\varphi_v} - \frac{\varphi_v^2 - \varphi_v^{2T}}{(T-1)(1+\varphi_v)^2} - 2\sum_{j=1}^{m}\left[\frac{1-\varphi_v}{1+\varphi_v}\varphi_v^{j-1} + \frac{\varphi_v^{2+j} - \varphi_v^{2T-j}}{(1+\varphi_v)^2(T-j-1)}\right] \\
=&\frac{2\varphi_v^m}{1+\varphi_v} - \frac{\varphi_v^2 - \varphi_v^{2T}}{(T-1)(1+\varphi_v)^2} - 2\sum_{j=1}^{m}\frac{\varphi_v^{2+j} - \varphi_v^{2T-j}}{(1+\varphi_v)^2(T-j-1)}
\end{aligned}
$$

同样地, 有

$$
\begin{aligned}
&\kappa_0 - \frac{2\varphi^m}{1+\varphi} + \frac{\varphi^2 - \varphi^{2T}}{(1+\varphi)^2(T-1)} + 2\sum_{j=1}^{m}\frac{1}{(1+\varphi)^2}\frac{\varphi^{2+j} - \varphi^{2T-j}}{(T-j-1)} \\
&= \frac{1}{\sum\limits_{v=1}^{n_1}\Omega_{vv}}\sum_{v=1}^{n_1}\Omega_{vv}\Big(\frac{2\varphi_v^m}{1+\varphi_v} - \frac{2\varphi^m}{1+\varphi}\Big) \\
&\quad + \frac{1}{\sum\limits_{v=1}^{n_1}\Omega_{vv}}\sum_{v=1}^{n_1}\Omega_{vv}\left[\frac{\varphi^2 - \varphi^{2T}}{(1+\varphi)^2(T-1)} - \frac{\varphi_v^2 - \varphi_v^{2T}}{(1+\varphi_v)^2(T-1)}\right] \\
&\quad + \frac{1}{\sum\limits_{v=1}^{n_1}\Omega_{vv}}\sum_{v=1}^{n_1}\Omega_{vv}\left[2\sum_{j=1}^{m}\frac{1}{(1+\varphi)^2}\frac{\varphi^{2+j} - \varphi^{2T-j}}{T-1}\right. \\
&\quad \left. - 2\sum_{j=1}^{m}\frac{1}{(1+\varphi_v)^2}\frac{\varphi_v^{2+j} - \varphi_v^{2T-j}}{T-j-1}\right]
\end{aligned}
$$

回顾式 (4.10) ~ 式 (4.11) 和 $\varphi_v - \varphi = O(\frac{1}{T})$ 对任意 $v \leqslant n_1$ 成立, 我们可以用泰勒展开式分析等式右侧的项, 进而有

$$
\frac{1}{\sum\limits_{v=1}^{n_1}\Omega_{vv}}\sum_{v=1}^{n_1}\Omega_{vv}\Big(\frac{2\varphi_v^m}{1+\varphi_v} - \frac{2\varphi^m}{1+\varphi}\Big)
$$

$$= \frac{1}{\sum\limits_{v=1}^{n_1} \Omega_{vv}} \sum_{v=1}^{n_1} \Omega_{vv} m s_{\varphi}(\varphi_v - \varphi) + \frac{1}{\sum\limits_{v=1}^{n_1} \Omega_{vv}} \sum_{v=1}^{n_1} \Omega_{vv} m^2 s_{\varphi,v}(\varphi_v - \varphi)^2$$

其中 s_φ 是一个与 v 无关的有界常数, 且 $s_{\varphi,v}$ 是一个有界常数. 进而式 (4.10) 说明了第一项是 0, 而式 (4.11) 说明了第二项是 $o\left(\frac{m^2}{n_1^{1/2}T^2}\right) = o\left(\frac{m}{T^2}\right)$.

对于其他三项, 可以做类似的处理, 进而得到

$$\begin{aligned}\kappa_0 = &\frac{2\varphi^m}{1+\varphi} - \frac{\varphi^2 - \varphi^{2T}}{(1+\varphi)^2(T-1)} \\ &- 2\sum_{j=1}^{m} \frac{1}{(1+\varphi)^2} \frac{\varphi^{2+j} - \varphi^{2T-j}}{T-j-1} + o\Big(\frac{m}{n_1^{1/2}T}\Big)\end{aligned} \tag{4.132}$$

$\kappa_j/2$ 与 κ_0 类似 (但计算上更繁琐). 最终可以发现 $\kappa_j/2$ 和 κ_0 的差是

$$O[mT^{-1}(1-\varphi^j) + (1-\varphi^j)^2] + o(n_1^{-1/2}) = o(n_1^{-1/2})$$

注意

$$\begin{aligned}E\grave{\mu}_m &= \frac{\sum\limits_{v=1}^{n_1} \Omega_{vv}}{n_1} \kappa_0 \left(a_0 + 2\sum_{j=1}^{\infty} a_j\right) + o(n_1^{-1/2}) \\ &= \frac{\mathrm{tr}(\boldsymbol{\Sigma})}{n} \kappa_0 \left(a_0 + 2\sum_{j=1}^{\infty} a_j\right) + o(n^{-1/2})\end{aligned} \tag{4.133}$$

现在考虑 $\mathrm{var}(\mu_m)$. 容易得出 $\mathrm{var}(\dot{\mathbf{x}}_{t,t-j}) = O(n)$. 这一点结合 Z_{tj} 的独立性以及假设 4.3~4.4, 说明了 $\mathrm{var}(\mu_m) = O(n^{-1}T^{-1}m) = o(n^{-1})$. 观察下式:

$$\mathrm{var}(\mu_m) = O(n^{-1}T^{-1}m) = o(n^{-1}) \tag{4.134}$$

因此我们只需要考虑 κ_0 和 $\kappa(\theta_{\varphi,1})$ 的差异.

注意: $\kappa(\theta_{\varphi,1}) = \varphi^m - m\frac{\varphi^3 - \varphi^{2T-m}}{2(T-1)}$. 根据 $\varphi^m = 1 + O[m(1-\varphi)]$ 和 $m\frac{\varphi^3 - \varphi^{2T-m}}{2(T-1)} = O[m(1-\varphi)]$, 我们证明了式 (4.125).

改写下式:

$$\begin{aligned}&\kappa(\theta_{\varphi,1}) - \kappa_0 \\ &\quad = \varphi^m - m\frac{\varphi^3 - \varphi^{2T-m}}{2(T-1)} - \frac{2\varphi^m}{1+\varphi} + \frac{\varphi^2 - \varphi^{2T}}{(1+\varphi)^2(T-1)} \\ &\qquad + 2\sum_{j=1}^{m} \frac{1}{(1+\varphi)^2} \frac{\varphi^{2+j} - \varphi^{2T-j}}{T-j-1} + o(n^{-1/2})\end{aligned} \tag{4.135}$$

注意

$$\varphi^m - \frac{2\varphi^m}{1+\varphi} = \varphi^m \frac{1-\varphi}{1+\varphi} = O(1-\varphi) \tag{4.136}$$

$$\frac{\varphi^2 - \varphi^{2T}}{(1+\varphi)^2(T-1)} = O(1-\varphi) \tag{4.137}$$

$$m\frac{\varphi^3 - \varphi^{2T-m}}{2(T-1)} - 2\sum_{j=1}^{m} \frac{1}{(1+\varphi)^2} \frac{\varphi^{2+j} - \varphi^{2T-j}}{T-j-1} = O\Big[\frac{m^2(1-\varphi)}{T}\Big] = o(n^{-1/2}) \tag{4.138}$$

由式 (4.133) ∼ 式 (4.138) 可得出式 (4.126).

4.4.7 引理 4.14 的证明

证明 [引理 4.14 的证明]

如果式 (4.127) 成立, 则可以通过引理 4.13 和引理 (4.15) 证明式 (4.128) 和式 (4.129). 因此我们只需要证明式 (4.127) 成立. 首先考虑 $\boldsymbol{\Pi} = \varphi \boldsymbol{I}$ 的情形.

改写 $(\boldsymbol{x}_t - \boldsymbol{x}_{t-1})$ 如下:

$$\boldsymbol{x}_t - \boldsymbol{x}_{t-1} = \Sigma^{1/2}\left[\boldsymbol{y}_t + (\varphi-1)\sum_{k=0}^{t-2}\varphi^k \boldsymbol{y}_{t-k-1}\right] \tag{4.139}$$

$$\begin{aligned}
&= \Sigma^{1/2}\left[\sum_{s=0}^{\infty} b_s Z_{t-s} + (\varphi-1)\sum_{k=0}^{t-2}\varphi^k \sum_{s=0}^{\infty} b_s Z_{t-1-k-s}\right] \\
&= \Sigma^{1/2}\left[\sum_{s=-\infty}^{t} b_{t-s} Z_s + (\varphi-1)\sum_{k=0}^{t-2}\varphi^k \sum_{s=-\infty}^{t-1-k} b_{t-1-k-s} Z_s\right] \\
&= \Sigma^{1/2}\Bigg\{b_0 Z_t + \sum_{s=1}^{t-1}[b_{t-s} + (\varphi-1)\sum_{k=0}^{t-1-s}\varphi^k b_{t-1-k-s}]Z_s \\
&\quad + \sum_{s=-\infty}^{0}[b_{t-s} + (\varphi-1)\sum_{k=0}^{t-2}\varphi^k b_{t-1-k-s}]Z_s\Bigg\}
\end{aligned} \tag{4.140}$$

定义新变量 $\breve{b}_{t,s}$ 如下:

$$\breve{b}_{t,s} = \begin{cases} 0 & (s > t) \\ b_0 & (s = t) \\ b_{t-s} + (\varphi-1)\sum\limits_{k=0}^{t-1-s}\varphi^k b_{t-1-k-s} & (1 \leqslant s \leqslant t-1) \\ b_{t-s} + (\varphi-1)\sum\limits_{k=0}^{t-2}\varphi^k b_{t-1-k-s} & (s \leqslant 0) \end{cases} \tag{4.141}$$

使得

$$\boldsymbol{x}_t-\boldsymbol{x}_{t-1}=\Sigma^{1/2}\sum_{s=-\infty}^{t}\breve{b}_{t,s}Z_s=\Sigma^{1/2}\sum_{s=-\infty}^{\infty}\breve{b}_{t,s}Z_s \tag{4.142}$$

则

$$\begin{aligned}\dot{\boldsymbol{x}}_{f,g}^2&=\left(\sum_{i=1}^{n}\sum_{j=1}^{n}\Sigma_{ij}\sum_{h_1=-\infty}^{\infty}\sum_{h_2=-\infty}^{\infty}\breve{b}_{f,h_1}\breve{b}_{g,h_2}Z_{h_1,i}Z_{h_2,j}\right)^2\\&=\sum_{i_1=1}^{n}\sum_{j_1=1}^{n}\sum_{i_2=1}^{n}\sum_{j_2=1}^{n}\Sigma_{i_1j_1}\Sigma_{i_2j_2}\sum_{h_1=-\infty}^{\infty}\sum_{h_2=-\infty}^{\infty}\sum_{h_3=-\infty}^{\infty}\sum_{h_4=-\infty}^{\infty}\\&\quad\breve{b}_{f,h_1}\breve{b}_{g,h_2}\breve{b}_{f,h_3}\breve{b}_{g,h_4}Z_{h_1,i_1}Z_{h_2,j_1}Z_{h_3,i_2}Z_{h_4,j_2}\end{aligned} \tag{4.143}$$

其中 Σ_{ij} 是 Σ 的第 (i,j) 个元素.

改写 $S_{\sigma^2,0}=S_{\sigma^2,0,h}+S_{\sigma^2,0,l}$ 其中

$$\begin{aligned}S_{\sigma^2,0,h}=&\frac{1}{(T-\frac{3}{2}[T/2])([T/2]-1)}\sum_{f=2}^{[T/2]}\sum_{g=f+[T/2]}^{T}\\&\left[2\sum_{i=1}^{n}\sum_{j=1}^{n}\Sigma_{ii}\Sigma_{ij}\sum_{h_1=-\infty}^{\infty}\sum_{h_2=-\infty}^{\infty}Z_{h_1,i}^3Z_{h_2,j}(\breve{b}_{f,h_1}^2\breve{b}_{g,h_1}\breve{b}_{g,h_2}+\breve{b}_{f,h_1}\breve{b}_{f,h_2}\breve{b}_{g,h_1}^2)\right.\\&\left.-3\sum_{i=1}^{n}\Sigma_{ii}^2\sum_{h=-\infty}^{\infty}Z_{h,i}^4\breve{b}_{f,h}^2\breve{b}_{g,h}^2\right]\end{aligned} \tag{4.144}$$

当 $t>2$ 时, 有

$$\begin{aligned}&\sum_{f=2}^{[T/2]}\sum_{g=f+[T/2]}^{T}\sum_{i=1}^{n}\sum_{j=1}^{n}|\Sigma_{ii}\Sigma_{ij}|\sum_{h_1=-\infty}^{\infty}\sum_{h_2=-\infty}^{\infty}\breve{b}_{f,h_1}^2|\breve{b}_{g,h_1}||\breve{b}_{g,h_2}|\\&=\sum_{i=1}^{n}\sum_{j=1}^{n}|\Sigma_{ii}\Sigma_{ij}|\sum_{f=2}^{[T/2]}\sum_{h_1=-\infty}^{f}\breve{b}_{f,h_1}^2\sum_{g=f+[T/2]}^{T}|\breve{b}_{g,h_1}|\sum_{h_2=-\infty}^{g}|\breve{b}_{g,h_2}|\end{aligned} \tag{4.145}$$

当 $h_2\leqslant g$ 时, 有

$$\sum_{h_2=-\infty}^{g}|\breve{b}_{g,h_2}|\leqslant 2\sum_{s=0}^{\infty}|b_s|<\infty \tag{4.146}$$

当 $h_1\leqslant f\leqslant g-[T/2]$ 时, 有

$$\sum_{g=f+[T/2]}^{T}|\breve{b}_{g,h_1}|\leqslant\sum_{s=[T/2]}^{\infty}|b_s|+\sum_{s=0}^{\infty}|b_s|T(1-\varphi)=o(T^{-1})+O\left[T(1-\varphi)\right]<\infty \tag{4.147}$$

且

$$\sum_{h_1=-\infty}^{f}\breve{b}_{f,h_1}^2 \leqslant \left(\sum_{h_1=-\infty}^{f}\left|\breve{b}_{f,h_1}\right|\right)^2 < \infty \tag{4.148}$$

进一步地, 有

$$\begin{aligned}\sum_{i=1}^{n}\sum_{j=1}^{n}|\Sigma_{ii}\Sigma_{ij}| &\leqslant \max_{1\leqslant i\leqslant p}\{|\Sigma_{ii}|\}\left(\sum_{i=1}^{n}\sum_{j=1}^{n}\Sigma_{ij}^2 n^2\right)^{1/2} \\ &= \max_{1\leqslant i\leqslant p}\{|\Sigma_{ii}|\}\,n[\mathrm{tr}(\Sigma^2)]^{1/2} = O(n^{3/2})\end{aligned} \tag{4.149}$$

从式 (4.146) ~ 式 (4.149) 中可以得出

$$\sum_{f=2}^{[T/2]}\sum_{g=f+[T/2]}^{T}\sum_{i=1}^{n}\sum_{j=1}^{n}|\Sigma_{ii}\Sigma_{ij}|\sum_{h_1=-\infty}^{\infty}\sum_{h_2=-\infty}^{\infty}\breve{b}_{f,h_1}^2|\breve{b}_{g,h_1}||\breve{b}_{g,h_2}| = O(n^{3/2}T)$$

类似地, 我们可以获得如下阶数:

$$\sum_{f=2}^{[T/2]}\sum_{g=f+[T/2]}^{T}\sum_{i=1}^{n}\sum_{j=1}^{n}|\Sigma_{ii}\Sigma_{ij}|\sum_{h_1=-\infty}^{\infty}\sum_{h_2=-\infty}^{\infty}\breve{b}_{g,h_1}^2|\breve{b}_{f,h_1}||\breve{b}_{f,h_2}| = O(n^{3/2}T)$$

和

$$\sum_{i=1}^{n}\Sigma_{ii}^2\sum_{h=-\infty}^{\infty}\breve{b}_{f,h}^2\breve{b}_{g,h}^2 = O(n)$$

整合以上结果, 我们有

$$E|S_{\sigma^2,0,h}| = O(n^{3/2}T^{-1}) = o(n) \tag{4.150}$$

类似地, 我们可以有

$$\begin{aligned}ES_{\sigma^2,0,l} = {} & \frac{1}{(T-\frac{3}{2}[T/2])([T/2]-1)}\sum_{f=2}^{[T/2]}\sum_{g=f+[T/2]}^{T} \\ & \Big(\sum_{i=1}^{n}\sum_{j=1}^{n}\Sigma_{ij}^2\sum_{h_1=-\infty}^{\infty}\sum_{h_2=-\infty}^{\infty}\breve{b}_{f,h_1}^2\breve{b}_{g,h_2}^2 \\ & +\sum_{i=1}^{n}\sum_{j=1}^{n}\Sigma_{ij}^2\sum_{h_1=-\infty}^{\infty}\sum_{h_2=-\infty}^{\infty}\breve{b}_{f,h_1}\breve{b}_{g,h_2}\breve{b}_{f,h_2}\breve{b}_{g,h_1} \\ & +\sum_{i=1}^{n}\sum_{j=1}^{n}\Sigma_{ii}\Sigma_{jj}\sum_{h_1=-\infty}^{\infty}\sum_{h_2=-\infty}^{\infty}\breve{b}_{f,h_1}\breve{b}_{g,h_1}\breve{b}_{f,h_2}\breve{b}_{g,h_2} \\ & -3\sum_{i=1}^{n}\Sigma_{ii}^2\sum_{h=-\infty}^{\infty}\breve{b}_{f,h}^2\breve{b}_{g,h}^2\Big)\end{aligned} \tag{4.151}$$

注意

$$\left|\sum_{h=-\infty}^{\infty}\breve{b}_{f,h}\breve{b}_{g,h}-a_{g-f}\right|=\left|\sum_{h=-\infty}^{\infty}\breve{b}_{f,h}\breve{b}_{g,h}-\sum_{s=0}^{\infty}b_sb_{g-f+s}\right|=O(1-\varphi) \quad (4.152)$$

和

$$\left|\sum_{h=-\infty}^{\infty}\breve{b}_{f,h}^2-a_0\right|=\left|\sum_{h=-\infty}^{\infty}\breve{b}_{f,h}^2-\sum_{s=0}^{\infty}b_s^2\right|=O(1-\varphi) \quad (4.153)$$

我们进而可以得到

$$\begin{aligned}
&\frac{\sum\limits_{f=2}^{[T/2]}\sum\limits_{g=f+[T/2]}^{T}\sum\limits_{i=1}^{n}\sum\limits_{j=1}^{n}\Sigma_{ij}^2\sum\limits_{h_1=-\infty}^{\infty}\sum\limits_{h_2=-\infty}^{\infty}\breve{b}_{f,h_1}^2\breve{b}_{g,h_2}^2}{(T-\frac{3}{2}[T/2])([T/2]-1)} \quad (4.154)\\
&\quad=a_0^2\mathrm{tr}(\boldsymbol{\Sigma}^2)+O[(1-\varphi)n]\\
&\frac{\sum\limits_{f=2}^{[T/2]}\sum\limits_{g=f+[T/2]}^{T}\sum\limits_{i=1}^{n}\sum\limits_{j=1}^{n}\Sigma_{ij}^2\sum\limits_{h_1=-\infty}^{\infty}\sum\limits_{h_2=-\infty}^{\infty}\breve{b}_{f,h_1}\breve{b}_{g,h_2}\breve{b}_{f,h_2}\breve{b}_{g,h_1}}{(T-\frac{3}{2}[T/2])([T/2]-1)}\\
&\quad=\frac{\mathrm{tr}(\boldsymbol{\Sigma}^2)}{(T-\frac{3}{2}[T/2])([T/2]-1)}\\
&\quad\sum_{f=2}^{[T/2]}\sum_{g=f+[T/2]}^{T}\{a_{g-f}^2+O[a_{g-f}(1-\varphi)]+O[(1-\varphi)^2]\}\\
&\quad=O[nT^{-3}+n(1-\varphi)^2]=o[T^{-1}+T^2(1-\varphi)^2]=o(1)\\
&\frac{\sum\limits_{f=2}^{[T/2]}\sum\limits_{g=f+[T/2]}^{T}\sum\limits_{i=1}^{n}\sum\limits_{j=1}^{n}\Sigma_{ii}\Sigma_{jj}\sum\limits_{h_1=-\infty}^{\infty}\sum\limits_{h_2=-\infty}^{\infty}\breve{b}_{f,h_1}\breve{b}_{g,h_1}\breve{b}_{f,h_2}\breve{b}_{g,h_2}}{(T-\frac{3}{2}[T/2])([T/2]-1)}\\
&\quad=\frac{\mathrm{tr}(\boldsymbol{\Sigma})^2}{(T-\frac{3}{2}[T/2])([T/2]-1)}\\
&\quad\sum_{f=2}^{[T/2]}\sum_{g=f+[T/2]}^{T}\{a_{g-f}^2+O[a_{g-f}(1-\varphi)]+O[(1-\varphi)^2]\}\\
&\quad=O[n^2T^{-3}+n^2(1-\varphi)^2]=o[n^{1/2}+nT^2(1-\varphi)^2]=o(n) \quad (4.155)
\end{aligned}$$

以及

$$\frac{\sum\limits_{f=2}^{[T/2]}\sum\limits_{g=f+[T/2]}^{T}\sum\limits_{i=1}^{n}\Sigma_{ii}^2\sum\limits_{h=-\infty}^{\infty}\breve{b}_{f,h}^2\breve{b}_{g,h}^2}{(T-\frac{3}{2}[T/2])([T/2]-1)}$$

$$\leqslant \frac{\sum\limits_{i=1}^{n}\Sigma_{ii}^2}{(T-\frac{3}{2}[T/2])([T/2]-1)}\sum_{f=2}^{[T/2]}\sum_{g=f+[T/2]}^{T}\left(\sum_{h=-\infty}^{f}\breve{b}_{f,h}^2\right)\left(\sum_{h=-\infty}^{f}\breve{b}_{g,h}^2\right)$$
$$= o(nT^{-1}) = o(n^{1/2}) \tag{4.156}$$

这些结果保证了

$$ES_{\sigma^2,0,l} = a_0^2\mathrm{tr}(\boldsymbol{\Sigma}^2) + o(n) \tag{4.157}$$

采取类似的步骤和方法, 我们可以得到 $\mathrm{var}(S_{\sigma^2,0,l})$ 的阶数如下:

$$\mathrm{var}(S_{\sigma^2,0,l}) = o(n^3T^{-2} + n) = o(n^2) \tag{4.158}$$

从式 (4.150)、式 (4.157) 和式 (4.158), 我们可以得知

$$\frac{S_{\sigma^2,0}}{n} = a_0^2\frac{\mathrm{tr}(\boldsymbol{\Sigma}^2)}{n} + o_p(1) \tag{4.159}$$

进而我们在 $\boldsymbol{\Pi} = \varphi\boldsymbol{I}$ 下证明了式 (4.127). 当 $\boldsymbol{\Pi} \neq \varphi\boldsymbol{I}$ 时, 我们只需要证明在假设 4.1 ~ 假设 4.7 和 $n_2 + n_3 = o(\sqrt{n_1})$ 下, 差异是 $o_p(1)$. 具体的方法与定理 4.1 和引理 4.13 的证明相似, 主要工具依然是泰勒展开式. 而且与定理 4.1 和引理 4.13 需要证明差异是 $o_p(n_1^{-1/2})$ 相比, 这里证明差异是 $o_p(1)$ 将更为简单. 因此, 本书不再赘述.

4.5　计算机模拟表现

4.5.1　统计量的计算机模拟效果

本节将为检验统计量 $\tilde{T}_N$ 提供一些计算机模拟以显示其效果. 笔者考虑如下设定: 令 $\boldsymbol{y_t} = \psi\boldsymbol{z_{t-1}} + \boldsymbol{z_t}$, $\psi = 0.5$ 以及 $\Sigma = \left(\Sigma_{i,j}\right) = \left(0.3^{|i-j|}\right)$. 我们同样将向量 $\boldsymbol{\delta_t}$ 的元素设置为 $\delta_{it} = \cos\left[\dfrac{2\pi(i+t)}{T}\right]$.

由于 $\widetilde{T}_N$ 对不同的 φ 有不同的效果, 可将其改写为 $\varphi = 1 - \dfrac{x}{T}$. x 越大时, φ 距离单位根 1 越远. 基于不同的 n, T, x, 不同的原假设以及 1000 次计算机模拟的 $\widetilde{T}_N$ 的拒绝率结果被展示在表 4-1 中. 其中构造拒绝域所采用的临界值来自标准正态分布的分位数.

表 4-1 提供了如下发现:

(1) 表 4-1 的左侧显示即使 n 和 T 小到只有 20 时, 检验统计量 $\widetilde{T}_N$ 依然有着良好的表现. 同时, 随着 x 的增长, 拒绝率会不断升高. 另外, 第一类错误在维数

n 达到 80 时依然保持稳定. 表 4-1还专门展示了单位根原假设 $H_0:\ \varphi=1$ 和渐近单位根对立假设 $H_1:\ \varphi=1-\dfrac{1}{T}$ 的差异. 即使 n 和 T 小到只有 20 时, 该对立假设依然有 0.422 的功效.

(2) 表 4-1 的右侧有着类似的特点: 随着 x 的增长, 功效持续增长. 而第一类错误在维数 n 达到 80 时依然保持稳定.

表 4-1　基于两种不同原假设 $H_0:\ x=0$ 和 $H_0:\ x=1$ 的拒绝率

样本容量	$H_0:x=0$				$H_0:x=1$			
(n,T)	$x=0$	$x=n^{-1}$	$x=n^{-1/2}$	$x=1$	$x=0$	$x=n^{-1}$	$x=n^{-1/2}$	$x=1$
(20,20)	0.035	0.041	0.075	0.422	0.348	0.323	0.226	0.042
(20,30)	0.033	0.044	0.067	0.436	0.470	0.414	0.282	0.041
(20,40)	0.038	0.038	0.065	0.453	0.497	0.437	0.317	0.037
(20,60)	0.040	0.034	0.065	0.438	0.522	0.500	0.333	0.043
(20,80)	0.049	0.041	0.060	0.435	0.555	0.494	0.365	0.041
(30,20)	0.044	0.048	0.078	0.627	0.504	0.478	0.344	0.033
(30,30)	0.043	0.043	0.075	0.612	0.613	0.610	0.418	0.040
(30,40)	0.034	0.035	0.063	0.662	0.680	0.637	0.477	0.036
(30,60)	0.042	0.045	0.063	0.654	0.686	0.660	0.542	0.034
(30,80)	0.038	0.044	0.063	0.665	0.713	0.692	0.526	0.036
(40,20)	0.054	0.049	0.104	0.744	0.632	0.607	0.448	0.044
(40,30)	0.043	0.040	0.077	0.758	0.775	0.745	0.589	0.044
(40,40)	0.036	0.049	0.082	0.793	0.782	0.747	0.604	0.053
(40,60)	0.034	0.039	0.070	0.812	0.828	0.807	0.673	0.045
(40,80)	0.037	0.046	0.064	0.818	0.839	0.803	0.673	0.046
(60,20)	0.041	0.070	0.096	0.875	0.807	0.749	0.646	0.048
(60,30)	0.037	0.054	0.078	0.928	0.899	0.876	0.769	0.044
(60,40)	0.050	0.035	0.076	0.926	0.911	0.912	0.823	0.048
(60,60)	0.039	0.047	0.070	0.945	0.930	0.919	0.825	0.034
(60,80)	0.043	0.054	0.096	0.936	0.937	0.931	0.837	0.036
(80,20)	0.062	0.058	0.100	0.921	0.872	0.878	0.779	0.045
(80,30)	0.044	0.048	0.104	0.985	0.952	0.947	0.887	0.038

续表

样本容量 (n,T)	$H_0: x=0$				$H_0: x=1$			
	$x=0$	$x=n^{-1}$	$x=n^{-1/2}$	$x=1$	$x=0$	$x=n^{-1}$	$x=n^{-1/2}$	$x=1$
(80,40)	0.040	0.048	0.082	0.986	0.965	0.955	0.915	0.041
(80,60)	0.044	0.033	0.084	0.980	0.980	0.984	0.934	0.052
(80,80)	0.042	0.047	0.094	0.982	0.982	0.978	0.940	0.050

注：显著性水平为 0.05.

4.5.2 估计量的计算机模拟

本部分聚焦于 $\widehat{\varphi}-\varphi$ 的表现以验证新估计方法的可靠性. 用与此前相同的设定, 回顾评论 4.2, $\widehat{\varphi}-\varphi=O_p(\frac{1}{T\sqrt{n}})$, 继而有 $T^2n(\widehat{\varphi}-\varphi)^2=O_p(1)$. 因此基于不同的 n, T, x 和 1000 次计算机模拟结果计算 $T^2n(\widehat{\varphi}-\varphi)^2/4$ 的平均值, 并将其在表 4-2 中进行展示. 表 4-2 显示 $T^2n(\widehat{\varphi}-\varphi)^2/4$ 的平均值基本保持稳定, 这支持了 $\widehat{\varphi}-\varphi$ 收敛于 0 的速度为 $\dfrac{1}{T\sqrt{n}}$ 的理论结果.

表 4-2　模拟结果中 $T^2n(\hat{\varphi}-\varphi)^2/4$ 的平均值

n	T	$x=0$	$x=n^{-1}$	$x=n^{-1/2}$	$x=1$
20	20	1.3754	1.5352	1.6711	2.7702
20	30	1.1999	1.2610	1.4096	1.8408
20	40	1.0865	1.1684	1.2341	1.6764
20	60	1.0867	1.1076	1.2644	1.6051
20	80	1.1116	1.1295	1.1237	1.6379
30	20	1.4247	1.4883	1.5624	2.4028
30	30	1.2099	1.2381	1.2433	1.8688
30	40	1.0726	1.0669	1.1787	1.6307
30	60	1.0656	1.1450	1.0521	1.4518
30	80	1.0160	1.0830	1.0571	1.5252
40	20	1.4265	1.4588	2.1065	3.4832
40	30	1.0790	1.1512	1.2601	1.9609

续表

n	T	$x=0$	$x=n^{-1}$	$x=n^{-1/2}$	$x=1$
40	40	1.0936	1.1726	1.2232	1.7571
40	60	0.9418	1.0686	1.1141	1.5655
40	80	0.9816	1.0869	0.9975	1.3137
60	20	1.3737	1.6416	1.5330	4.2121
60	30	1.1282	1.2343	1.1402	3.2031
60	40	1.1184	1.0110	1.2183	1.7469
60	60	1.0384	1.1015	1.0936	1.4613
60	80	0.9706	1.0873	1.1293	1.4726
80	20	1.5966	1.8976	2.1593	5.8800
80	30	1.1685	1.2091	1.2543	2.5119
80	40	1.0690	1.1528	1.1673	1.5459
80	60	1.0313	0.9233	1.0518	1.6845
80	80	0.9832	1.0022	1.0530	1.5762

4.5.3 非标量情形的计算机模拟

本部分考虑一个进阶的问题：当 $\boldsymbol{\Pi} \neq \varphi \boldsymbol{I}$ 时，$\widetilde{T}_N$ 和 $\widehat{\varphi}$ 是否还有效？

笔者采用定理 4.4 中的设定. 令 n_2 和 n_3 为不超过 $n^{1/4}$ 的最大整数. 我们设置 $\boldsymbol{\Pi} = \mathrm{diag}\{\varphi_1, \cdots, \varphi_n\}$. 当 $1 \leqslant i \leqslant n_1$ 时，$\varphi_i = 1 - \varsigma_i x/T$ 和 $\{\varsigma_i\}_{1\leqslant i\leqslant n_1}$ 是独立同分布的随机变量，其分布为 $(-0.5, 1.5)$ 上的均匀分布. 当 $n_1+1 \leqslant i \leqslant n_1+n_2$ 时，令 $\varphi_i = 1 - 1/\sqrt{T}$. 当 $n_1+n_2+1 \leqslant i \leqslant n$ 时，φ_i 是独立同分布的随机变量，其分布为 $(0, 0.5)$ 上的均匀分布. 从 $\sum$ 的设置和 $\boldsymbol{\Pi}$ 的对角结构，我们可以发现

$$\varphi = \frac{\sum\limits_{i=1}^{n_1} \varphi_i \Omega_{ii}}{\sum\limits_{i=1}^{n_1} \Omega_{ii}} = \frac{1}{n_1}\sum_{i=1}^{n_1}\varphi_i = 1 - \frac{\chi}{Tn_1}\sum_{i=1}^{n_1}\varsigma_i$$

本书分别考虑 $x = 1$, $x = n_1^{-1/4}$, $x = n_1^{-1/2}$ 和 $x = n_1^{-1}$ 四种情况. 基于不同的 n, T, x 和不同的原假设以及 1000 次计算机模拟的 $\widetilde{T}_N$ 第一类错误结果被报告在了表 4-3 的左侧. 同样，在表 4-3 的右侧报告了 $T^2 n(\widehat{\varphi} - \varphi)^2/4$ 的均值. 本书还针对 n 和 T 都很大的情形在表 4-4 中报告了相关结果.

回归 x 和式 (4.11) 的关系，会发现当 $x = 1$ 时，假设式 (4.11) 不再成立. 但表 4-3 和表 4-4 的右侧显示此时 $\widehat{\varphi} - \varphi$ 收敛于 0 依然有 $\dfrac{1}{T\sqrt{n}}$ 的速度. 这说明

假设式 (4.11) 可能并不是 $\widehat{\varphi}$ 收敛性的一个必要条件. 然而, 表 4-4 的左侧显示在 $x=1$ 和 n 很大的时候, 第一类错误明显大于 0.05. 这说明中心极限定理成立所需要的条件可能强于 $\widehat{\varphi}$ 的收敛性.

表 4-3　当 $\Pi \neq \varphi I$ 时的计算机模拟表现

样本容量	不同原假设 H_0 的第一类错误				$T^2n(\hat{\varphi}-\varphi)^2/4$ 的平均值			
(n,T)	$x=1$	$x=n_1^{-1/4}$	$x=n_1^{-1/2}$	$x=n_1^{-1}$	$x=1$	$x=n_1^{-1/4}$	$x=n_1^{-1/2}$	$x=n_1^{-1}$
(20,20)	0.067	0.085	0.092	0.089	2.902	2.983	2.819	2.640
(20,30)	0.057	0.079	0.092	0.083	2.055	2.413	2.333	2.117
(20,40)	0.064	0.106	0.084	0.086	2.255	2.568	2.154	2.057
(20,60)	0.080	0.074	0.094	0.085	2.050	2.143	2.007	1.981
(20,80)	0.075	0.080	0.096	0.097	1.985	1.988	2.132	2.129
(30,20)	0.068	0.066	0.074	0.069	3.007	2.386	2.130	2.057
(30,30)	0.057	0.074	0.067	0.072	1.703	1.913	1.687	1.820
(30,40)	0.060	0.073	0.068	0.063	1.615	1.802	1.795	1.565
(30,60)	0.066	0.065	0.073	0.078	1.603	1.629	1.602	1.530
(30,80)	0.079	0.072	0.081	0.078	1.654	1.646	1.576	1.680
(40,20)	0.062	0.073	0.082	0.106	1.846	2.181	2.526	2.424
(40,30)	0.071	0.065	0.060	0.073	1.616	1.775	1.607	1.678
(40,40)	0.060	0.074	0.072	0.067	1.452	1.581	1.704	1.589
(40,60)	0.058	0.064	0.058	0.070	1.453	1.483	1.428	1.509
(40,80)	0.074	0.065	0.061	0.062	1.542	1.470	1.322	1.346
(60,20)	0.054	0.076	0.092	0.081	2.362	2.281	2.480	2.389
(60,30)	0.055	0.062	0.064	0.061	1.403	1.589	1.525	1.547
(60,40)	0.070	0.058	0.062	0.066	1.557	1.369	1.331	1.362
(60,60)	0.051	0.056	0.050	0.052	1.319	1.311	1.258	1.334
(60,80)	0.068	0.060	0.058	0.059	1.386	1.320	1.326	1.178
(80,20)	0.057	0.082	0.102	0.089	2.603	2.810	3.024	2.425
(80,30)	0.056	0.063	0.048	0.077	1.421	1.502	1.422	1.646

续表

样本容量 (n,T)	不同原假设 H_0 的第一类错误				$T^2n(\hat{\varphi}-\varphi)^2/4$ 的平均值			
	$x=1$	$x=n_1^{-1/4}$	$x=n_1^{-1/2}$	$x=n_1^{-1}$	$x=1$	$x=n_1^{-1/4}$	$x=n_1^{-1/2}$	$x=n_1^{-1}$
(80,40)	0.068	0.056	0.058	0.055	1.468	1.356	1.327	1.345
(80,60)	0.064	0.065	0.059	0.053	1.301	1.324	1.200	1.187
(80,80)	0.078	0.064	0.044	0.056	1.488	1.297	1.162	1.157

注:显著性水平为 0.05.

表 4-4 当 $\boldsymbol{\Pi}\neq\varphi\boldsymbol{I}$ 且 n 和 T 很大时,计算机模拟表现

样本容量 (n,T)	不同原假设 H_0 的第一类错误				$T^2n(\hat{\varphi}-\varphi)^2/4$ 的平均值			
	$x=1$	$x=n_1^{-1/4}$	$x=n_1^{-1/2}$	$x=n_1^{-1}$	$x=1$	$x=n_1^{-1/4}$	$x=n_1^{-1/2}$	$x=n_1^{-1}$
(80,100)	0.093	0.050	0.065	0.050	1.534	1.199	1.238	1.128
(80,200)	0.091	0.068	0.059	0.058	1.513	1.173	1.156	1.110
(100,100)	0.088	0.075	0.058	0.061	1.502	1.269	1.198	1.184
(100,200)	0.094	0.055	0.064	0.060	1.428	1.151	1.304	1.140
(200,100)	0.140	0.048	0.065	0.055	1.945	1.091	1.135	1.065
(200,200)	0.155	0.063	0.058	0.060	1.850	1.056	1.049	1.067

注:显著性水平为 0.05.

4.5.4 n_3 很大时的计算机模拟表现

本部分考虑 n_3 很大时的计算机模拟表现. 令 $n_1=40$, n_2 为不超过 $n^{1/4}$ 的最大整数而 $n_3=n-n_1-n_2$. 因此当 n 变大时, n_3 随之变大. 其他设定沿用上一节的选择. 在这种情况下, φ 的估计方法不再有效, 故聚焦于此时最大特征根 $\frac{n_1}{n}\rho_1$ 的表现. 对不同的 (n,T), 我们基于 1000 次计算机模拟结果计算的 $\frac{n_1}{n}\rho_1$ 的均值和标准差见表 4-5. 它显示了对同样的 T, 随着 n 和 n_3 增大, $\frac{n_1}{n}\rho_1$ 的均值和标准差的变化很小. 这意味着 n_3 对 $\frac{n_1}{n}\rho_1$ 的影响很弱. 回顾 n_1, n_2 和 n_3 的定义, 我们发现这意味着渐近单位根部分决定了最大特征根的主项.

表 4-5　当 $\boldsymbol{\varPi} \neq \varphi \boldsymbol{I}$ 且 $n_1 = 40$ 时的模拟表现

样本容量 (n,T)	平均值 $\frac{n_1}{n}\rho_1$				标准差 $\frac{n_1}{n}\rho_1$			
	$x=1$	$x=n_1^{-1/4}$	$x=n_1^{-1/2}$	$x=n_1^{-1}$	$x=1$	$x=n_1^{-1/4}$	$x=n_1^{-1/2}$	$x=n_1^{-1}$
(50,50)	1710.6	1999.1	2098.4	2218.1	450.79	487.98	504.21	536.59
(100,50)	1969.7	1933.6	2178.4	2279.8	510.45	484.42	536.55	547.78
(200,50)	1684.3	1990.8	2161.1	2270.2	442.27	487.08	544.39	546.43
(50,100)	5864.2	7705.6	8502.2	8856.8	1491.74	1865.70	2099.76	2031.89
(100,100)	6644.5	7852.8	8388.9	9085.2	1745.21	1925.36	2095.19	2184.75
(200,100)	7010.4	8374.3	8696	9030.7	1740.33	2072.44	1995.78	2212.03
(50,200)	26066.7	30335.8	33600	35110.6	6616.80	7590.78	8236.65	8644.92
(100,200)	26208.1	32286.6	34485.2	36281.5	6554.07	7883.62	8417.44	8720.62
(200,200)	29419.9	30183.5	34194.4	36023.5	8027.45	7285.88	8117.95	8395.88

另一方面, 我们也希望了解此时 $\frac{n_1}{n}\rho_1$ 的分布. 我们在图 4-1 $\sim$ 图 4-4 提供了中心标准化之后的 $\frac{n_1}{n}\rho_1$ 的 QQ 图. 每个图的三行分别表示 $n=50$, 100 和 200. 每个图的三列分别表示 $T=50$, 100 和 200. 这些 QQ 图显示, $\frac{n_1}{n}\rho_1$ 的分布依然与标准正态分布很接近.

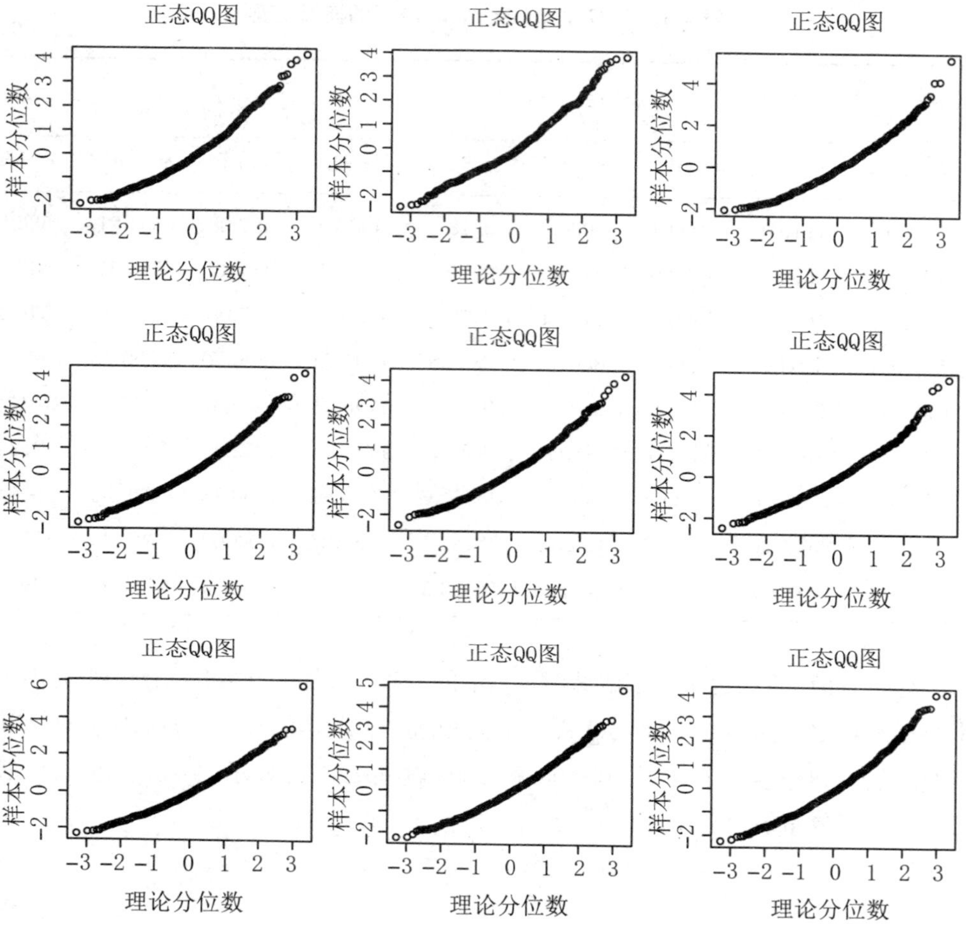
正态QQ图
样本分位数
理论分位数
正态QQ图
样本分位数
理论分位数
正态QQ图
样本分位数
理论分位数
正态QQ图
样本分位数
理论分位数
正态QQ图
样本分位数
理论分位数
正态QQ图
样本分位数
理论分位数
正态QQ图
样本分位数
理论分位数
正态QQ图
样本分位数
理论分位数
正态QQ图
样本分位数
理论分位数

图 4-1 $x=1$ 时的 QQ 图

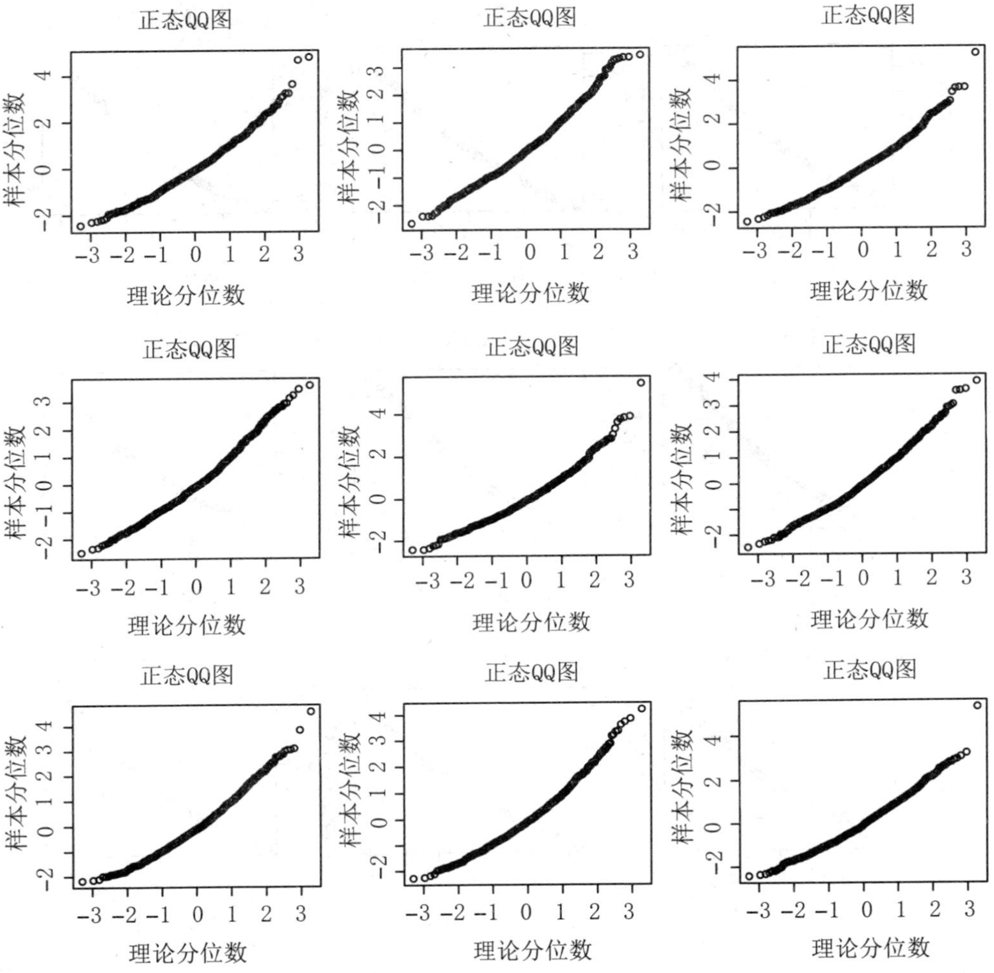

图 4-2　$x = n_1^{-1/4}$ 时的 QQ 图

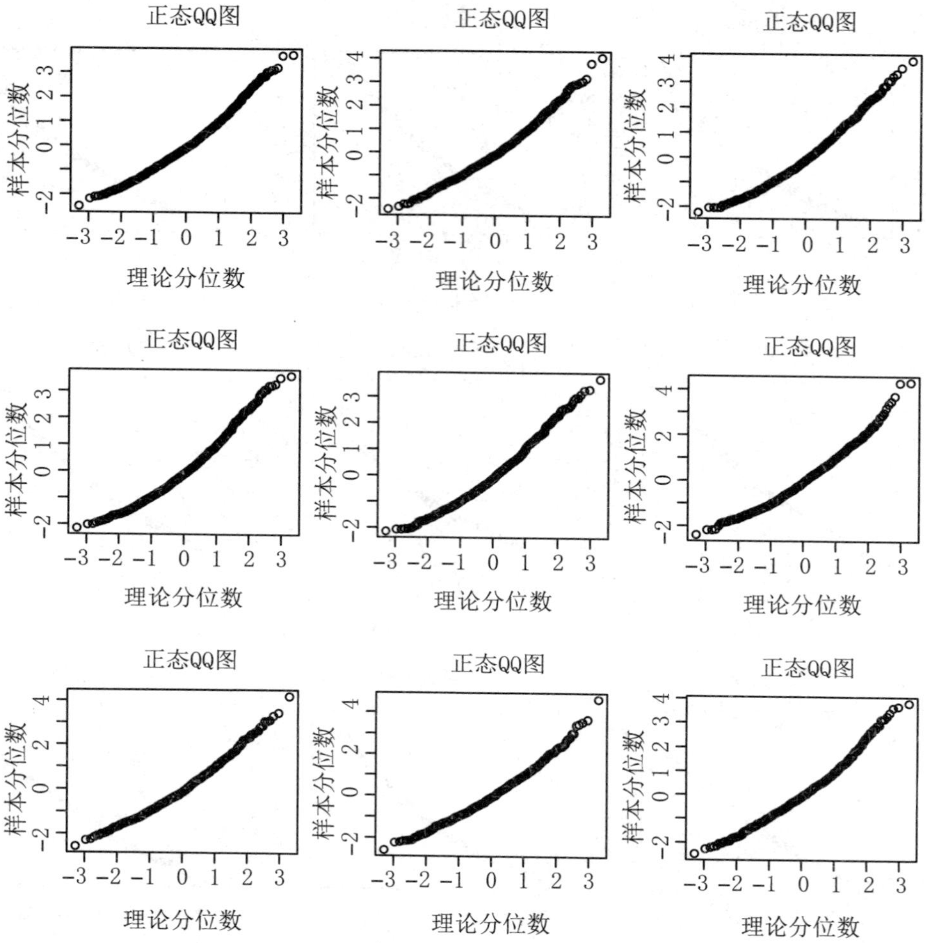

图 4-3 $x = n_1^{-1/2}$ **时的 QQ 图**

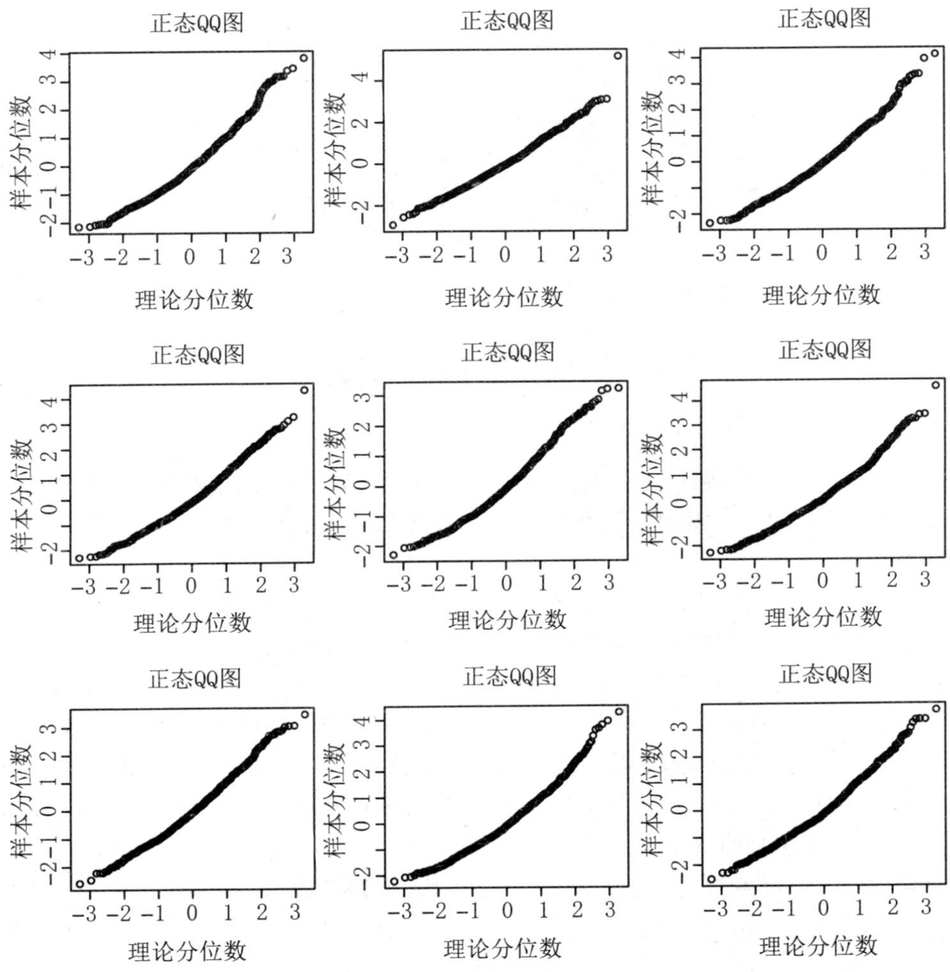

图 4-4　$x = n_1^{-1}$ 时的 QQ 图

第 5 章　伪因子

5.1　因子模型简介

随着信息和互联网技术的高速发展，各个领域都可以获取高维度的时间序列数据. 如果只对每一维时间序列进行单独分析，将损失大量有效信息. 比如如下案例：

案例 1　美国股市每天交易有数以千计的股票，股价的涨跌波动无疑意味着盈亏利润. 单一股票可能在短期内出现大幅的涨跌，由于各种金融衍生品常常带有巨大的杠杆倍数，股票的大幅度波动对于各种金融衍生品的持有者来说，无疑意味着巨大的风险和不确定性. 因此专业投资者希望探究股票间的波动相关关系，从而构造由一系列波动相关的股票构成的投资组合，在少数股票出现极端波动时，其他股票会大概率呈现相反的趋势，进而削弱这种极端波动带来的风险和不确定性. 显然，仅仅单独研究每一只股票的走势，无法达到这种目的.

案例 2　每周或每月，美联储会公布大量宏观经济数据，这些数据包含了不同的指标如失业率、初请失业金人数、订单情况、库存情况、生产情况、平均工资等. 每个经济指标都蕴含着一定的信息，而将其蕴含的信息整合起来，远比关注单一指标更能正确地分析经济形势和预测未来走势. 在这些分析之下，生产者可以根据需求的趋势决定是否扩大生产，消费者可以根据通胀的预期决定是否应该提前采购，政策制定者更可以根据经济形势决定是否加减息、实行量化宽松或者减税等政策.

案例 3　亚马逊或淘宝等大型电商平台同时销售着数以百万计的商品，也因此可以实时地获取众多商品的销售额数据. 如果仅对每一种商品的销售额进行单独分析，无疑将忽略商品之间的内在联系. 例如购买婴儿车的消费者，无疑更有可能需要购买奶粉；购买激光打印机的消费者，则会产生对硒鼓和打印纸的需求. 将这些销售数据整合在一起进行研究，有助于电商平台优化推荐算法和库存策略，从而获得更高的经济效益.

因此，对面板数据的研究成为近二十年的热门话题. 然而对高维面板数据的研究，也具有其挑战性. 最典型的问题在于“维度灾难”. 高维度意味着大量的未知参数，根据统计学理论，这将大幅降低估计和推断的准确度. 更糟糕的是，高维度数据常常出现维度 p 与样本量 n 相近甚至超过样本量 n 的情况. 随机矩阵理论已经证明在这种情况下，样本协方差矩阵与总体协方差矩阵出现了巨大的偏差，想要精确估计总体协方差矩阵成了不可能的事情，进而也就难以获得各维度时间序列间真实的相关关系.

事实上，类似的"维度灾难"不仅仅出现在高维时间序列中，在更加经典而基础的线性回归中，这一问题已经引起了足够的重视. 当解释变量 x 的维数 p 与样本量 n 相近甚至比样本量 n 更大时，最小二乘法无法获得回归系数的相合估计. 而对这一问题的典型处理方法，是对回归系数增加稀疏性的结构性假设，即假设在 p 个回归系数中，只有很少量的回归系数非零，而其他回归系数都为零. 这样通过增加惩罚项的方法，可以得到回归系数的相合估计. 研究者采用不同形式的惩罚项形式，提出了包括 LASSO、SCAD 和自适应 LASSO 等一系列方法.

在探究高维数据各维度相关性时，添加结构性假设以应对"维度灾难"的想法是经典而有效的. 与高维线性回归中稀疏性假设相对应，部分研究假设总体协方差矩阵具有稀疏性，即其非对角线元素中有着大量的零和少量的非零. 在这种假设的基础上，选取合适的门限值对样本协方差矩阵非对角线元素进行验证，包括绝对值大于门限值的非对角元素，进而获得该假设下的总体协方差矩阵的相合估计. 然而总体协方差矩阵非对角线元素普遍为 0，意味着大部分维度之间的相关性为 0，这一假设常常不符合实际. 而且如前文所说，本书希望获取各维度数据之间的相关性以应用到各种现实情况，而大量的相关性为 0，这无疑与我们的应用背道而驰.

另一种结构性假设称为带状结构假设，其思想来源于时间序列中随着时间差的增大，两个数据的相关性会减弱甚至消失. 带状结构假设一般表现为：令总体协方差矩阵的第 (i,j) 个元素是 A_{ij}，则当 $|i-j|>s$ 时，$A_{ij}=0$，s 成为带宽. 这种假设认为相邻的维度具有相关性而距离较远的维度则不具有相关性. 然而这意味着我们需要先对维度做出正确的排序，这在实践中并不容易做到. 而且这一假设难以解释各维度数据之间的共振，例如股市的集体大涨大跌等.

因此，计量经济学针对高维时间序列数据，提出了因子模型这一结构性假设：

$$y_{it} = \boldsymbol{\ell}_i^* f_t + e_{it} \tag{5.1}$$

其中 $\boldsymbol{\ell}_i$ 和 f_t 是两个 r 维向量而 e_{it} 是误差项. 有限的整数 r 称为因子个数，f_t 称为因子而 $\boldsymbol{\ell}_i$ 称为因子载荷. 显然对不同的 t 和相同的 i，y_{it} 共享着 $\boldsymbol{\ell}_i$. 而对于相同的 t 和不同的 i，y_{it} 共享着 f_t. 对于时间长度为 T 的 n 维时间序列，$\boldsymbol{\ell}_i$ 和 f_t 遍历 i 和 t 共计有 $r(n+T)$ 个未知参数. 由于 $\boldsymbol{\ell}_i^* f_t = (1/2\boldsymbol{\ell}_i^*)(2f_t)$，为了保证可识别性，我们会追加 $T^{-1}\sum\limits_{t=1}^{T} f_t f_t^* = I_r$ 或 $p^{-1}\sum\limits_{i=1}^{n} \boldsymbol{\ell}_i \boldsymbol{\ell}_i^* = I_r$ 的约束条件.

式 (5.1) 意味着 y_{it} 的性质被 $\boldsymbol{\ell}_i$ 和 f_t 决定. 换言之, 我们只需要精确地估计出 $\boldsymbol{\ell}_i$ 和 f_t, 就可以掌握 y_{it} 的性质. 将其代入股市的场景, f_t 意味着影响股市的若干个因素（因子）而 $\boldsymbol{\ell}_i$ 表示具体第 i 只股票受各因素的影响程度. 如果 $\boldsymbol{\ell}_i$ 和 $\boldsymbol{\ell}_j$ 具有相反的符号, 意味着各因子对第 i 只股票和第 j 只股票的影响相反, 用第 i 只股票和第 j 只股票构造投资组合, 可以有效对冲异常波动的风险.

对式 (5.1) 中 $\boldsymbol{\ell}_i$ 和 $\boldsymbol{\ell}_j$ 的估计可以采取矩阵的特征分解, 事实上, 在 $n^{-1}\sum\limits_{i=1}^{n}\boldsymbol{\ell}_i\boldsymbol{\ell}_i^* = I_r$ 的约束条件下, $p^{-1/2}(\boldsymbol{\ell}_1,\cdots,\boldsymbol{\ell}_p)$ 的估计值可以由样本协方差矩阵前 r 大的特征根对应的特征向量获得. 因此在因子模型中, 核心的估计问题在于因子个数 r 的估计. 注意因子个数 r 如果为 0, 意味着各维度之间并不存在共享的公共因子, 而是由各自的误差项决定. 因此对因子个数 r 的估计, 同时也蕴含着判断数据是否符合因子模型的假设. 如果各维度不存在公共因子而是互相独立的, 我们应该得到因子个数 r 为 0 的结果.

在公共因子个数的估计问题上, 研究者给出了各种不同的方法, 例如 Ahn 和 Horensten (2013), Bai 和 Ng (2002), Lam 和 Yao (2012), Li、Wang 和 Yao (2017), Onatski (2010). 第一类主要方法是采用信息准则. Bai 和 Ng (2002) 做出了先驱性的工作, 该文章第一次提出了因子个数的相合估计方法. 该方法得到了广泛的关注, 许多研究者对其进行了各种改进. Bai 和 Ng (2002) 中的信息准则由两部分构成: 最小二乘残差项和惩罚函数. 根据样本协方差矩阵的特征分解理论, 我们可以发现这一惩罚函数事实上是设置了一个门限值并将特征根中超过这一门限值的个数记为因子个数的估计值. 当该惩罚函数 $g(n,p)$ 选择了合适的阶数且样本量 n 和维度 p 都足够大的时候, 该方法能够精确地估计出因子的正确个数. 然而当样本量 n 和维度 p 不够大时, 该方法面临两个问题. 一个问题是可能会出现两个相邻的特征根很接近, 然而门限值恰好在两者之间, 使得一个被当作因子而另一个被当作误差, 这在直觉上并不合理. 另一个问题更加严重, 当误差项具有一定的相关性结构时, 该估计方法很容易高估因子个数.

Onatski (2010) 基于随机矩阵理论提出了另一种方法. 该方法基于 $\hat{\lambda}_i$ 和 $\hat{\lambda}_{i+1}$ 之间的差来估计因子个数. 在一定的假设下, 该方法确保了 $\hat{\lambda}_{\hat{r}} - \hat{\lambda}_{\hat{r}+1}$ 大于某个门限值, 其中 $\hat{r}$ 为因子个数的估计值, 也就避免了我们此前所说的反直觉的现象. Onatski (2010) 中的模拟也显示该方法在样本量 n 和维度 p 不大时依然表现稳定. 该方法的缺点在于门限值的计算需要进行最小二乘回归和迭代, 并且假设误差项是高斯分布.

第三种主流的方法是基于特征根比值. Lam 和 Yao (2012) 引入了样本自协方差矩阵以充分利用时间序列中的时间相关性, 进而通过寻找样本自协方差矩阵相邻特征根比值的最大值点来估计因子个数. 值得一提的是, Lam 和 Yao (2012) 与 Lam、Yao 和 Bathia (2011) 中所采用的样本自协方差矩阵更倾向于提取出具有时间相关性的因子, 这样的因子显然更具有可预测性. Ahn 和 Horensten

(2013) 则基于传统的样本协方差矩阵的特征根提出了 ER (Eigenvalue Ratio) 和 GR (Growth Ratio) 两种方法, 其具体方法依然是寻找比值的最大值点. 以上方法确保了如果相邻特征根很接近, 它们会被同时判定为因子或者误差, 而因子和误差分界处的两个特征根差异会很大的情形. 这样就克服了此前所提及的信息准则方法的第一个问题. 而 Ahn 和 Horensten (2013) 文中的计算机模拟也显示, 在误差项具有一定的相关性结构时, ER 和 GR 方法的表现明显优于信息准则. 但寻找特征根比值最大值点的思想同样有其局限性: 如果因子对应的特征根强度有很大差异, 相邻特征根比值的最大值点就可能出现在强因子和弱因子之间, 而不是因子与误差之间. 这意味着对因子个数的估计可能会忽略弱因子们的存在. 对于这个问题, Li、Wang 和 Yao (2017) 在样本自协方差矩阵上做出了新的理论贡献, 并提出了用门限而不是最大值点来搜索相邻特征根比值, 因此不会忽略弱因子. 但 Li、Wang 和 Yao (2017) 的方法在多个因子具有非常相近的特征根时会出现失效情形. Lam 和 Yao (2012) 同样提出了一种补救措施, 即估计得到因子个数后, 将数据中对应因子的部分减去, 再重新进行因子估计, 如此即使第一次估计时漏掉了弱因子, 在第二次估计时也可以把弱因子包含进来. 但 Lam 和 Yao (2012) 并没有为这一措施给出普适性的停止条件, 在已知因子强度分两种时, 自然可以估计两次来获得精确的因子个数;但如果不知道因子强度分为几个等级, 那这一方法就不知道该进行几次重新估计.

以上方法都基于平稳时间序列的基本假设, 但正如我们此前多次提到的, 经济和金融数据普遍存在非平稳的特征. 一个简单的想法是对非平稳数据做差分得到平稳数据, 进而采用平稳时间序列假设下的各种方法. 然而这种差分方法也有其缺陷: 首先如本书前文所说, 大量的数据可能并非简单的单位根过程, 而可能是渐近单位根过程, 直接采取差分的方法会破坏其结构; 其次差分会损失某些信息, Bai (2004) 提到了一个典型的例子: 回顾式 (5.1), 令 $f_t = (g_t, g_{t-1})*$ 且 $g_t = g_{t-1} + u_t$, 其中随机变量 u_t 关于 t 独立同分布服从标准正态分布. 而如果采取差分的方法, f_t 差分后将得到 (u_t, u_{t-1}). 容易发现, g_t 和 g_{t-1} 具有极强的相关性但 u_t 和 u_{t-1} 是独立的. 对差分后的模型采用平稳时间序列下的方法, 会得到因子个数为 2, 分别是 u_t 和 u_{t-1}, 但完全忽略了它们两者的关系. 但如果直接考虑未差分的版本, g_t 和 g_{t-1} 的强相关性将导致强共线性, 进而只产生一个大的特征根.

因此 Bai (2004) 对式 (5.1) 进行了如下扩展: 误差项依然保持平稳但因子部分具有单位根结构. 在这一扩展下, Bai (2004) 依然采取信息准则的方法估计其因子个数, 只是此时的惩罚项变得更大. 为了方便理论分析, Bai (2004) 中假设 A 的 (2) 和 (3) 限制了因子部分对应的特征根差异不会很大, 在这些假设下, 特征根比值的方法同样可以扩展到这一模型中.

5.2 高维单位根过程与伪因子

本节将介绍高维单位根过程引发的伪因子问题. 回顾上一节的内容会发现, 确定因子个数的方法均与特征根的大小息息相关, 笔者认为: 大的特征根意味着因子, 而没有大的特征根意味着没有因子. 这一想法在平稳时间序列下是较为合理的, 我们可以回顾模型 (5.1), 如果因子部分不存在, 仅凭平稳的误差项不会产生很大的特征根. 但本书第 2 ~ 第 4 章显示, 如果误差项是非平稳的, 即使误差项各维度是相互独立的, 依然会产生很大的特征根. 这意味着高维单位根过程和渐近单位根过程都有被误认为因子模型的风险.

事实上, 这一类风险早已被一些著名的经济学家所关注. 加拿大央行前副行长 J. Boivin、达拉斯联储高级副总裁兼研究主管 M. P. Giannoni、欧元体系货币政策委员会前委员 B. Mojon 在 Boivin 等 (2009) 研究中从欧洲季度宏观数据提取因子, 并采取 factor-augmented 向量自回归模型（FAVAR）, 研究了欧洲货币传导机制的改变. 但 *Journal of Political Economy* 主编、Econometrica 前联合主编 H. Uhlig 教授对此做出了若干讨论, Uhlig(2009) 发现欧洲季度宏观数据中大量的时间序列自相关系数接近于 1（即接近于单位根过程）. 在人工生成了与欧洲季度宏观数据自相关系数相同但横截面之间独立的 243 个时间序列后, Uhlig(2009) 针对两组数据分别绘制了因子个数和对数据方差解释能力的曲线, 发现两曲线“令人震惊且不安”的相似, 因此对欧洲季度宏观数据之间是否存在联动和有效因子表示担忧. 换言之, 欧洲季度宏观经济数据中可能存在“伪因子”现象, 进而动摇 Boivin 等 (2009) 研究的可靠性.

我们有理由相信, 类似的风险也存在于其他经济学和金融学数据中, 因此我们需要探索新的方法以区分高维单位根过程和高维（非平稳）因子模型. 直接对数据进行差分是一个显而易见的方法, 但 Bai (2004) 的研究显示了对非平稳的因子模型进行差分将破坏因子间的相关性, 换句话说, 将损失一定的有效信息. 而本书中第 2 和第 4 章中的检验方法, 能够在不进行差分的情况下检验高维单位根过程, 对这一问题有着一定的启发意义.

参考文献

ANDERSON T W. 1963. Asymptotic theory for principal component analysis[J]. Ann. Math. Stat., 34:122-148.

ANDERSON T W. 1963. Asymptotic theory for principal component analysis[J]. Ann. Math. Stat, 34:122-148.

AHN S C, HORENSTEN A R. 2013. Eigenvalue ratio test for the number of factors[J]. Econometrica, 81:1203-1227.

BAI J. 2004. Estimating cross-section common stochastic trends in nonstationary panel data[J]. J. Econometrica, 122:137-183.

BAI Z D, SILVERSTEIN J W. 2006. Spectral analysis of large-dimensional random matrices[M]. 2nd ed. New York:Springer.

BAI Z D, YAO J F. 2008. Central limit theorems for eigenvalues in a spiked population model[J]. Ann. Inst. H. Poincaré, 44:447-474.

BAI K J, BEN G, PÉCHÉ S. 2005. Phase transition of the largest eigenvalue for non-null complex sample covariance matrices[J]. Ann. Probab., 33:1643-1697.

BAI K J, SILVERSTEIN J W. 2006. Eigenvalues of large sample covariance matrices of spiked population models[J]. J. Multivariate Anal., 97:1382-1408.

BALTAGI B H, MOSCONE F. 2010. Healthcare expenditure and income in the OECD reconsidered: evidence from panel data[J]. Economic Modelling, 27:804-811.

BAO Z G, PAN G M, ZHOU W. 2015. Universality for the largest eigenvalue of sample covariance matrices with general population[J]. Ann. Statist., 43:382-421.

BHANSALI R J, GIRAITIS L, KOKOSZKA PS. 2007. Convergence of quadratic forms with nonvanishing diagonal[J]. Statistics & Probability Letters, 77:726–734.

CAI T, HAN X, PAN G M. 2018. Limiting laws for divergent spiked eigenvalues and largest non-spiked eigenvalue of sample covariance matrices[J]. Forthcoming in Ann. Statist.

CHAN N H, WEI C Z.1988.Limiting distributions of least squares estimates of unstable autoregressive processes[J]. Ann. Statist., 16:367-401.

CHEN B B, PAN G M. 2012.Convergence of the largest eigenvalue of normalized sample covariance matrices when p and n both tend to infinity with their ratio converging to zero[J]. Bernoulli, 18:1405-1420.

DICKEY D A, FULLER W A. 1979. Distribution of the estimators for autoregressive time series with a unit root[J]. J. Amer. Statist. Assoc., 74:423-431.

DING X C, YANG F. 2020. Spiked separable covariance matrices and principal components[J]. Ann. Statist.

ELKAROUI N. 2007. Tracy-Widom limit for the largest eigenvalue of a large class of complex sample covariance matrices[J]. Ann. Probab., 35:663-714.

FAN J Q, LIAO Y, MINCHEVA M. 2013. Large covariance estimation by thresholding principal orthogonal complements[J]. J. R. Statist. Soc. B, 75:603-680.

FAN J Q, WANG D, WANG K, ZHU Z. 2017. Distributed estimation of principal eigenspaces[J]. Forthcoming in Ann. Statist.

FISHER R A. 1937. The sampling distribution of some statistics obtained from non-linear equations[J]. Ann. Eugenics, 9:238-249.

GAO J T, XIA K, ZHU H J. 2019. Heterogeneous panel data models with cross-sectional dependence[J]. Forthcoming in J. Econometrica.

HAN F, LIU H. 2018. ECA: High-dimensional elliptical component analysis in non-Gaussian distributions[J]. J. Amer. Statist. Assoc, 113:252-268.

HAN X, PAN G M, ZHANG B. 2016. The Tracy-Widom law for the largest eigenvalue of F type matrices[J]. Ann. Statist., 44:1564-1592.

HSU P L. 1939. On the distribution of roots of certain determinant equations[J]. Ann. Eugenics, 9:250-258.

JOHNSTONE I M. 2001. On the distribution of the largest eigenvalue in principal component analysis[J]. Ann. Statist., 29:295-327.

JOHNSTONE I M. 2007. High-dimensional statistical inference and random matrices[J]. Proceedings of the International Congress of Mathematicians Madrid, 307-333.

KNOWLES A, YIN J. 2017. Anisotropic local laws for random matrices[J]. Probab. Theory Rel., 169:257.

LEE R, CARTER L. 1992. Modeling and forecasting U.S. mortality[J]. J. Amer. Statist. Assoc., 419:659-671.

LIU H Y, AUE A, PAUL D. 2015. On the Marčenko-Pastur law for linear time series[J]. Ann. Statist., 43:675-712.

MARČENKO V A, PASTUR L A. 1967. Distribution for some sets of random matrices[J]. Math. USSR-Sb., 1:457-483.

ONATSKI A. 2009. Testing hypotheses about the number of factors in large factor models[J]. Econometrica, 77:1447-1479.

ONATSKI A. 2010. Determining the number of factors from empirical distribution of eigenvalues[J]. Rev. Econ. and Statist., 92:1004-1016.

ONATSKI A, WANG C. 2021. Spurious factor analysis[J]. Econometrica, 89(2):591-614.

PAN G M, GAO J, YANG Y R. 2014. Testing independence among a large number of high-dimensional random vectors[J]. J. Amer. Statist. Assoc., 109:600-612.

PAUL D. 2007. Asymptotics of sample eigenstructure for a large dimensional spiked covariance model[J]. Statist. Sinica, 17:1617-1642.

PAUL D, AUE A. 2014. Random matrix theory in statistics: a review[J]. J. Statist. Plan. & Infer., 150:1-29.

ROY S N. 1939. *P*-statistics and some generalizations in analysis of variance appropriate to multivariate problems[J]. Sankhyā, 4:381-396.

SOSHNIKOV A. 2002. A note on universality of the distribution of the largest eigenvalues in certain sample covariance matrices[J]. J. Stat. Phys., 108:1033-1056.

TRACY C A, WIDOM H. 1994. Level-spacing distributions and the Airy kernel[J]. Comm. Math. Phys., 159:151-174.

TRACY C A, WIDOM H. 1996. On orthogonal and symplectic matrix ensembles[J]. Comm. Math. Phys., 177:727-754.

WANG W, FAN J. 2017. Asymptotics of empirical eigenstructure for high-dimensional spiked covariance[J]. Ann. Statist., 45:1342-1374.

YAO J F, ZHENG S R, BAI Z D. 2015. Large sample covariance matrices and high-dimensional data analysis[J]. Cambridge University Press.

ZHANG B, PAN G M, GAO J. 2018. CLT for largest eigenvalues and unit root tests for high-dimensional nonstationary time series[J]. Ann. Statist., 46:2186-2215.

ZHANG B, PAN G M, GAO J. 2018. Supplement to "CLT for largest eigenvalues and unit root tests for high-dimensional nonstationary time series"[J]. Available at doi:10.1214/17-AOS1616SUPP.

ZHANG B, GAO J, PAN G M. 2019. A near unit root test for high-dimensional nonstationary time series[J]. Available at https://ideas.repec.org/p/msh/ebswps/2019-10.html.

ZHANG L. 2006. Spectral analysis of large dimensional random matrices[J]. Ph. D. Thesis, National University of Singapore.